Ansgar Armbrust
Herbert Janetzki

Aufgaben zur
Festkörperphysik

Ansgar Armbrust
Herbert Janetzki

Aufgaben zur Festkörperphysik

Anwendungen in Physik und Technik
mit Lösungen

http://www.vieweg.de

Konzeption und Layout des Umschlags: Ulrike Weigel, www.CorporateDesignGroup.de

Gedruckt auf säurefreiem Papier

ISBN 978-3-540-41543-5   ISBN 978-3-642-58512-8 (eBook)
DOI 10.1007/978-3-642-58512-8

Vorwort

Gesammelt wird in unserer Zeit vieles – und vieles Ungewöhnliches. Mittlerweile sind zu vielen Sammelgebieten teilweise gigantische Tauschbörsen entstanden, an denen die Sammler ihre Sammelobjekte feilbieten.

Wir haben auch eine Sammelleidenschaft – gehabt müssen wir wohl sagen, denn aus der Not heraus, Aufgaben zur Festkörperphysik zu brauchen, haben wir mit dem Sammeln von Festkörperphysik-Aufgaben begonnen und dies über Jahre hinweg beibehalten. Der Anlass zu einer solch ungewöhnlichen Sammelleidenschaft war die Tatsache, in der Ersten Staatsprüfung für das Lehramt an Gymnasien im Fach Physik eine Klausur mit Aufgaben zur Festkörperphysik schreiben zu müssen, zu der vorher geübt werden muss. Neben einer Vielzahl und Vielfalt an Aufgaben zur Einführung in die Physik tat sich nach langem Suchen eine große Lücke auf, sucht man nach praxisbezogenen und anwendungsorientierten Aufgaben aus der Festkörperphysik, die zum einen den experimentellen Stoff vertiefen und zum anderen auf Anwendungen (und sei es „nur" das Physikalische Praktikum für Fortgeschrittene) vorbereiten sollen.

Not macht aber bekanntlich erfinderisch – und finderisch manchmal auch. Und so haben wir uns auf die Suche nach Aufgaben gemacht. So kam im Laufe der Zeit ein ganzer Berg an Übungsaufgaben zusammen, den wir, vielfachen Wünschen entsprechend, gründlich gesichtet und überarbeitet, den einzelnen Stoffgebieten zugeordnet – und mit Lösungen versehen haben. Bei der Auswahl der Aufgabeninhalte haben wir uns dabei an den Übungen orientiert, wie sie am Fachbereich Physik der Universität Kaiserslautern, unserer „Heimat-Uni", über Jahre hinweg gestellt wurden.

Mit der vorliegenden Aufgabensammlung möchten wir unseren Pool an Festkörperphysikaufgaben öffentlich zugänglich machen, damit noch mehr Studierende davon profitieren können.

Das Studium der Festkörperphysik gehört zur Grundausbildung jedes Physikstudiums. Und so soll diese Aufgabensammlung die Inhalte der experimentellen Festkörperphysik vertiefen und zugleich die Denk-, Arbeits- und Rechenmethoden der (Festkörper-)Physik schulen. Sie ist daher vor allem für die Studierenden der Festkörperphysik gedacht, als Vorbereitung für die Klausur, als zusätzliche „Spielwiese" neben den uniintern angebotenen (und geforderten) Übungen – und ganz besonders für die Staatsexamenskandidaten, die – wie die Verfasser – nach praktischen Übungsmöglichkeiten für die abschließende Prüfungsklausur suchen.

Obwohl in der Festkörperphysik unüblich, haben wir uns in den meisten Aufgaben für die Einheiten des 1960 international vereinbarten „Système International d'Unités" entschieden, schließlich werden in den Kursen der Oberstufe und den Grundvorlesungen der Physik diese Einheiten immer wieder als Grundeinheiten benutzt und vorgestellt – wenn auch die Forschung meist lieber mit den alten Einheiten hantiert.

Aufgebaut ist das Buch analog einem kanonischen einsemestrigen Kurs in Festkörperphysik, wie er an den deutschen Universitäten gelehrt und in zahlreichen Lehrbüchern notiert wird.

Bei den Lösungswegen haben wir uns an den einschlägigen Lehrbüchern orientiert, schließlich stellen diese eine einheitliche Basis für den Lehrstoff dar.

Der Schwerpunkt des Buches liegt auf der Erarbeitung der Grundlagen der Festkörperphysik und soll – wo es möglich ist – die Anwendung und die technisch-experimentelle Seite dieses physikalischen Teilgebiets besonders hervorheben. Dennoch gehören auch die rechentechnischen Aufgaben zur Physik, wie sie vor allem im 2. Kapitel zu finden sind.

Auf einen einleitenden Vorspann zu jedem Kapitel haben wir verzichtet, statt dessen sind die Lösungswege der Aufgaben ausführlich mit zahlreichen Hinweisen kommentiert, wobei wir die angegebenen Formeln und Beziehungen der Standardliteratur entnommen haben, in der üblicherweise Herleitungen und weitere Einzelheiten aufgeführt sind.

Zu danken haben wir all denen, die uns bei der Arbeit an dieser Sammlung unterstützt und Mut dazu gemacht haben. Da jede Nennung von Namen an dieser Stelle unvollkommen bleiben würde (und wir niemanden durch Nichtnennung in seinem Zutun zu diesem Werk verletzen wollen), sei der Dank namenlos, aber dennoch ganz herzlich an alle Freunde, Bekannte, Kommilitonen, ... gerichtet.

Bedanken möchten wir uns aber ganz besonders beim Vieweg-Verlag – speziell bei unserem Lektor, Herrn Wolfgang Schwarz – für das spontane Interesse für diese „Aufgabenbörse", die Bereitwilligkeit zur Aufnahme des Aufgabenmarktes in das Verlagsprogramm und die allzeit hilfsbereite und freundliche Betreuung dieses zeitintensiven, aber spannenden Projekts.

Altdorf und Wattenheim im April 1999

Ansgar Armbrust
Herbert Janetzki

Inhaltsverzeichnis

1   Kristallstrukturen **1**

1.1   Geometrie **1**
Harte-Kugel-Modelle von Gitterformen 1
Strukturelemente am zweidimensionalen Gitter 7
Abstand zwischen Gitteratomen in Natriumchlorid 9
Bravais-Gitter 10
Elementarzelle und Einheitszelle der kubischen Gitter 12
Reziprokes Gitter eines zweidimensionalen Gitters 15
Reziprokes Gitter einer fcc-Struktur 16

1.2   Strukturanalyse **18**
Wellenlängen bei Strukturanalysen 18
Bragg-Reflexion an Kristallen 19
Strukturbedingungen für fcc- und bcc-Reflexmuster 22
Erlaubte Reflexe bei Diamant 23
Reflexe an Mischkristallen 25
Neutronenbeschuss von Aluminium 28
Debye-Scherrer-Untersuchungen 32
Ewald-Konstruktion 37

1.3   Bindungsverhältnisse **39**
Lennard-Jones-Potential 39
Madelungkonstante zwei- und dreidimensionaler Gitter 41
Federmodell eines linearen Kristalls 44
Born-Mayer-Potential und Kompressionsmodul für Steinsalz ... 45
Temperaturabhängigkeit der Gitterkonstanten 46
Bindungsformanalyse aus Energiebilanz 47

2   Gitterschwingungen **49**

    2.1   Dynamische Eigenschaften des Gitters **49**
        Dispersionsrelation für ein lineares Gitter verschiedener Massen 49
        Ebenes quadratisches Gitter 55
        Phononenspektrum für lineares Gitter identischer Atome 58
        Lineare Ketten mit unterschiedlichen Massenverhältnissen 60
        Phononenspektrum eines Kreisgitters 64
        Zustandsdichte für Phononen in ein, zwei und drei Dimensionen 65
        Bose-Einstein-Statistik für Phononen 67
        Brillouin-Streuung zur Ermittlung der Schallgeschwindigkeit 68
        Brillouin-Streuung in Quarz 70

    2.2   Thermische Eigenschaften des Kristallgitters **71**
        Innere Energie und spezifische Wärme der Grundgittertypen 71
        Wärmekapazität bei Graphit 74
        Klassische Theorie der Wärmekapazität 76
        Thermische Energie von Kohlenstoff klassisch und im Einstein-Modell... 78
        Beitrag der optischen Phononen zur Wärmekapazität 79

3   Elektronen im Festkörper **81**

    3.1   Freies Elektronengas **81**
        Freie Elektronen in Silber 81
        Superfluides Helium (^{3}He) 83
        Fermi-Fläche für ein freies Elektronengas I 84
        Fermi-Fläche für ein freies Elektronengas II 85
        Zustandsdichte eines freien Elektronengases 87
        Mittlere Energie von Elektronen im freien Elektronengas 89

    3.2   Thermische und elektrische Eigenschaften **93**
        Spezifische Wärme des Elektronengases 93
        Experimentelle Materialbestimmung 96
        Reinheitsgrad eines Kristalls 98
        Hall-Konstante von Kupfer 102
        Wiedemann-Franzsches Gesetz 103

4   Halbleiter **105**

    4.1   Eigenleitung **105**
        Herstellung intrinsischer Halbleiter 105
        Innerer Photoeffekt bei Halbleitern 106
        Temperaturabhängigkeit eines NTC-Widerstandes 107
        Bandlücke und Fermi-Energie bei reinen Halbleitern 109
        Temperaturabhängigkeit des spezifischen Widerstandes 112
        Eigenleitung bei III-V-Verbindungshalbleitern (GaAs) 114

4.2 Störstellenleitung **117**
Störstellenreserve und Störstellenerschöpfung 117
Ladungsträgerdichte und Fermi-Niveau bei n-Halbleitern 121
Herstellung einer Silicium-Diode 122
Breite und Kapazität der Sperrschicht eines pn-Übergangs 124

4.3 Halleffekt **127**
Bestimmung der Ladungsträgersorte und -konzentration 127
Driftgeschwindigkeit der Ladungsträger im Halbleiter 128

5   Dielektrische und magnetische Festkörper, Supraleitung **131**

5.1 Dielektrische Festkörper **131**
Festkörper in Kondensatoren 131
Dielektrische und optische Eigenschaften von Natriumchlorid 133
Elektromagnetische Wellen in Metall (Gold) 134
Kristallfenster als Intensitätsfilter 135
Dipolmomente von Gasen und Flüssigkeiten 136
Ladungsverschiebung in Kaliumchlorid durch Polarisation 140

5.2 Magnetische Festkörper **142**
Faraday-Effekt bei magnetischen Gläsern 142
Umlaufzeit von Elektronen im Magnetfeld 144
De-Haas-van-Alphen-Effekt 146
Bestimmung der effektiven Masse mittels Zyklotronresonanz 147
Bestimmung der magnetischen Suszeptibilität mittels der Gouy-Waage ... 148

5.3 Supraleitung **150**
Absorption elektromagnetischer Strahlung in Supraleitern 150
Kontaktstrom im supraleitenden Zustand 151
Geometrie der Flussfäden 155
Bestimmung von Flussquantenzahlen 156
Magnetisierung von Metallproben am Nullpunkt 156

Literatur **160**
Verzeichnis der benutzten Symbole und Konstanten **161**
Abbildungsverzeichnis **164**
Index **166**

1 Kristallstrukturen

1.1 Geometrie

Harte-Kugel-Modelle von Gitterformen

Um einen groben Überblick über die Verteilung der Gitterbausteine zu bekommen, kann man die Atome auf den Gitterplätzen als starre Kugeln betrachten, die „auf Stoß" beieinander sitzen. Damit läßt sich der Anteil des Volumens einer Gitterzelle berechnen, den die Atome beanspruchen.

Über das von ihnen eingenommene Volumen läßt sich dann aus experimentell bestimmten Daten Rückschlüsse auf die mögliche Gitterstruktur ziehen. Dieses „Harte-Kugel-Modell" beruht zwar auf einfachen geometrischen Annahmen, wird aber durch entsprechende Experimente gut bestätigt.

Wie groß ist in diesem „Harte-Kugel-Modell" der maximale Anteil des verfügbaren Volumens der Kugeln
a) in einem einfach kubischen Gitter,
b) in einem kubisch raumzentrierten Gitter,
c) in einem kubisch flächenzentrierten Gitter,
d) im hcp-Gitter und
e) im Diamantgitter?

Lösung:

a) **einfach kubisches Gitter** (links in Bild 1.1 Struktur, rechts Aufsicht auf zwei aneinanderstoßende Kugeln längs einer Kante):

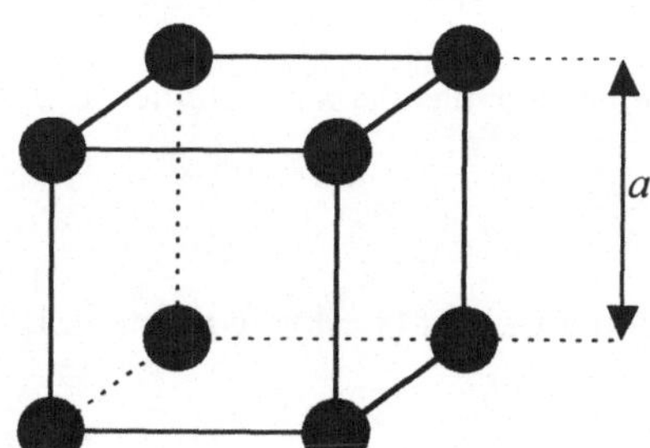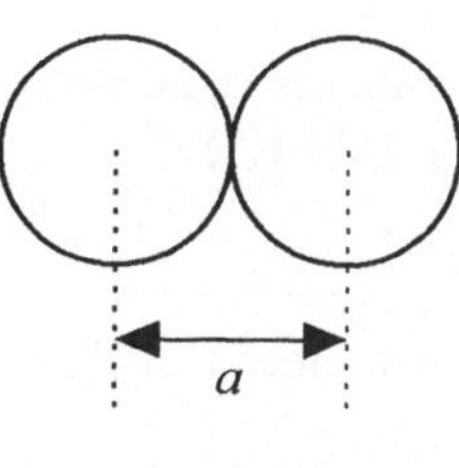

Bild 1.1:   einfach kubisches Gitter, links Modell, rechts Schema des zugehörigen Kugelmodells

In einem einfach kubischen Gitter (abgekürzt sc von simple cubic) beträgt das Volumen einer Einheitszelle (s. linke Skizze in Bild 1.1)

$$V_{\text{Zelle}} = a^3 .$$

Das Volumen einer Kugel (mit dem Radius $r = a/2$) in einem sc-Gitter beträgt (s. Skizze rechts in Bild 1.1)

$$V_{\text{Kugel,sc}} = \frac{4}{3} \pi \frac{a^3}{8} .$$

Eine Zelle wird von 8 Kugeln aufgebaut, wobei aber nur je ein Achtel jeder Kugel an einer Zelle beteiligt ist, also wird der Raumanteil

$$\frac{8 \cdot \frac{1}{8} V_{\text{Kugel,sc}}}{V_{\text{Zelle}}} = \frac{\frac{4}{3} \pi \frac{a^3}{8}}{a^3} = \frac{\pi}{6} \approx 0{,}52 .$$

Also beträgt der maximale Anteil von Atomen im sc-Gitter bei diesem Kugelmodell etwa 52 Prozent.

b) kubisch raumzentriertes Gitter (abgekürzt bcc von body centered cubic) (links in Bild 1.2 Struktur, rechts Aufsicht auf drei aneinanderstoßende Kugeln längs der Zellendiagonalen):

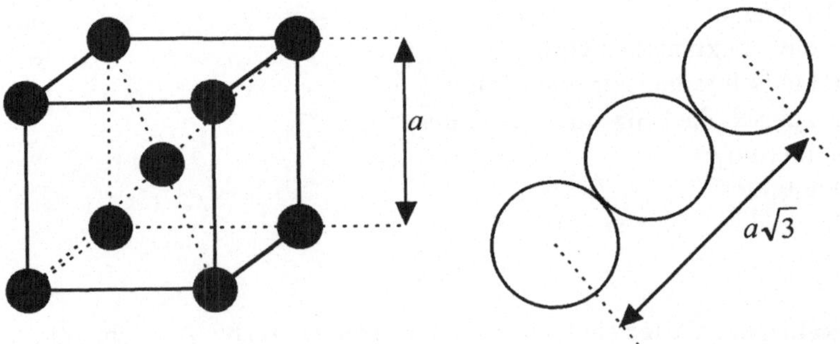

Bild 1.2:   kubisch raumzentriertes Gitter, links Modell, rechts Schema des Kugelmodells

Auch im kubisch raumzentrierten Gitter beträgt das Volumen einer Einheitszelle (s. linke Skizze in Bild 1.2)

$$V_{\text{Zelle}} = a^3 .$$

Das Volumen einer Kugel in einem bcc-Gitter beträgt (s. Skizze rechts in Bild 1.2)

$$V_{\text{Kugel,bcc}} = \frac{4}{3} \pi \left(\frac{a\sqrt{3}}{4} \right)^3 = \frac{\sqrt{3}}{16} \pi a^3 ;$$

man beachte, daß in der rechten Skizze von Bild 1.2 die Länge der Raumdiagonalen vier Kugelradien umfasst!

Eine Zelle wird von 9 Kugeln aufgebaut, wobei von acht Kugeln je ein Achtel an einer Zelle beteiligt ist, und außerdem sitzt in der Zellenmitte noch eine ganze Kugel, also wird der Raumanteil insgesamt

$$\frac{\left(8 \cdot \frac{1}{8} + 1\right) V_{Kugel,bcc}}{V_{Zelle}} = \frac{\sqrt{3}}{8} \pi \approx 0{,}68 \, .$$

Also beträgt der maximale Anteil von Atomen im bcc-Gitter bei diesem Kugelmodell etwa 68 Prozent.

c) **kubisch flächenzentriertes Gitter** (abgekürzt fcc von face centered cubic) (links in Bild 1.3 Struktur, rechts Aufsicht auf drei aneinanderstoßende Kugeln längs einer Seitendiagonalen; im linken Bild wurden aus Gründen der Übersichtlichkeit nur die Vorder-, Ober- und eine Randseite des fcc-Gitters mit den Gitteratomen gezeichnet):

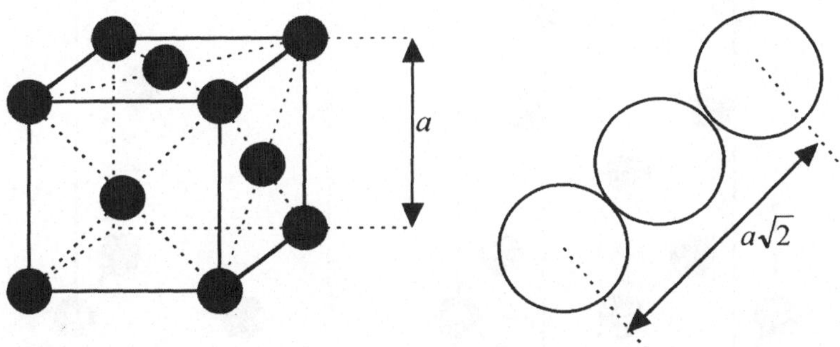

Bild 1.3:   kubisch flächenzentrierteses Gitter, links Modell, rechts Schema des Kugelmodells

Auch im kubisch flächenzentrierten Gitter beträgt das Volumen einer Einheitszelle (s. linke Skizze in Bild 1.3)

$$V_{Zelle} = a^3 \, .$$

Das Volumen einer Kugel in einem bcc-Gitter beträgt (s. Skizze rechts in Bild 1.3)

$$V_{Kugel,fcc} = \frac{4}{3} \pi \left(\frac{a\sqrt{2}}{4}\right)^3 = \frac{\sqrt{2}}{24} \pi a^3 \, ;$$

man beachte, dass in der rechten Skizze die Länge der Seitendiagonalen vier Kugelradien umfasst!

Eine Zelle wird von 14 Kugeln aufgebaut, wobei von acht Kugeln (denen an den Ecken der Zelle) je ein Achtel an einer Zelle beteiligt ist, von den übrigen sechs Kugeln (auf den

Seitenflächen) trägt je die Hälfte ihres Volumens zur Kugelfüllung einer Zelle bei. Damit wird der Raumanteil der Kugelatome insgesamt

$$\frac{\left(8 \cdot \frac{1}{8} + 6 \cdot \frac{1}{2}\right) V_{\text{Kugel,fcc}}}{V_{\text{Zelle}}} = \frac{\sqrt{2}}{6} \pi \approx 0{,}74 \ .$$

Also beträgt der maximale Anteil von Atomen im fcc-Gitter bei diesem Modell etwa 74 Prozent.

d) **hexagonal dichtest gepacktes Gitter** (In Bild 1.4 ist links die Struktur, rechts ein relevanter Ausschnitt des hexagonal dichtest gepackten Gitters (abgekürzt hcp von hexagonal closely packed) angedeutet)

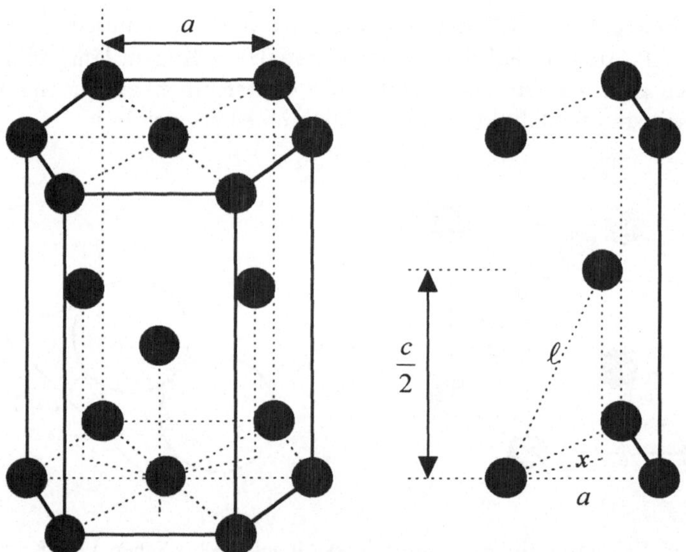

Bild 1.4:   hexagonal dichtest gepacktes Gitter im Modell

Beim Betrachten des Harte-Kugel-Modells für diese Kristallstruktur gehen wir über zu Bild 1.5. Hier betrachten wir in Aufsicht drei aneinanderstoßende Kugeln einer Schicht, die darunter liegende Kugel ist gestrichelt angedeutet, deren Mittelpunkt als schwarzes Kreuz markiert.

Im hexagonal dichtest gepackten Gitter haben wir neben der Gitterkonstanten a auch noch ein zweite Gitterkonstante c vorliegen. Um das Volumen einer Einheitszelle auf einen Ausdruck mit a zurückzuführen, gehen wir bei unserem Kugelmodell davon aus, daß sich die Kugeln im mittleren Bild längs der Geraden durch ℓ berühren, also $\ell = 2r = a$ ist (wenn r der Radius der Kugel bezeichnet).

Jetzt fehlt uns noch die Größe x. Diese ermitteln wir aus der Aufsicht auf das hcp-Gitter, wie in Bild 1.5 dargestellt. Wir wissen, dass das 2. Atom der Basis im hcp-Gitter die Koordinaten (2/3,1/3,1/2) hat, was wir in den Blick auf einen Schnitt durch ein solches Kugelmodell in Bild 1.5 übertragen.

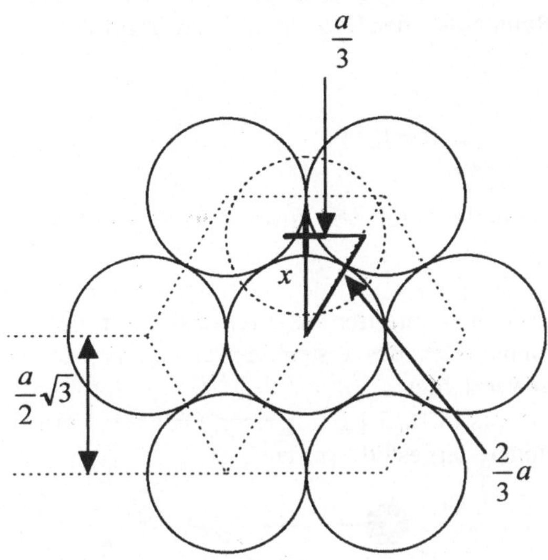

Bild 1.5:   hexagonal dichtest gepacktes Gitter, Schema des Kugelmodells

Aus der pythagoreischen Beziehung

$$x^2 + \left(\frac{a}{3}\right)^2 = \left(\frac{2a}{3}\right)^2$$

erhalten wir x^2 zu $a^2/3$.

Mit diesem Ergebnis gehen wir in die mittlere Zeichnung, wo – ebenfalls nach Pythagoras – geschlossen werden kann:

$$\left(\frac{c}{2}\right)^2 = \ell^2 - x^2 = a^2 - \frac{a^2}{3} \quad \Rightarrow \quad c = \sqrt{\frac{8}{3}}a \, .$$

Nach den angedeuteten geometrischen Zusammenhängen beträgt das Volumen einer Einheitszelle

$$V_{\text{Zelle,hcp}} = c \cdot a \cdot \frac{a}{2}\sqrt{3} = \sqrt{2} \cdot a^3 \, .$$

Das Volumen einer Kugel in einem hcp-Gitter beträgt, wie bereits angeklungen,

$$V_{\text{Kugel, hcp}} = \frac{4}{3}\pi\left(\frac{a}{2}\right)^3 = \frac{\pi}{6}a^3 \, .$$

Eine Zelle wird von 9 Kugeln aufgebaut, wobei acht Kugeln (die an den Ecken der Zelle) je ein Achtel zur Zellenfüllung beitragen und eine weitere Kugel im Innern sitzt. Damit ergibt sich der Raumanteil der Kugelatome insgesamt zu:

$$\frac{\left(8\cdot\frac{1}{8}+1\right)V_{\text{Kugel, hcp}}}{V_{\text{Zelle, hcp}}} = \frac{1}{3\sqrt{2}}\pi \approx 0{,}74 \, .$$

Also beträgt der maximale Anteil von Atomen im hcp-Gitter im Kugelmodell etwa 74 Prozent.

e) Diamantgitter: Da das Diamantgitter aus zwei fcc-Gittern besteht, wobei das zweite um ein Viertel der Raumdiagonalen des ersten verschoben ist, sei auf eine kompliziertere Strukturdarstellung hier verzichtet.

Vielmehr greifen wir uns in Bild 1.6 nur einen Oktanten heraus, in dem die wichtigen geometrischen Beziehungen dargestellt werden:

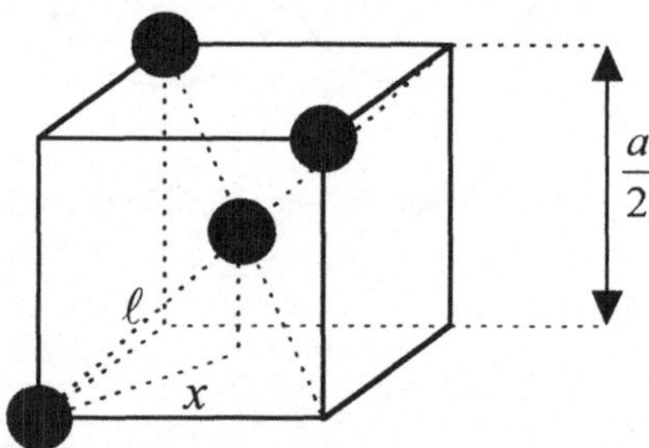

Bild 1.6:   Diamantgitter – Ausschnitt im Modell

In diesem Gitter, aus dem wir nur einen Ausschnitt betrachten, beträgt das Volumen einer Einheitszelle

$$V_{\text{Zelle}} = a^3 \, .$$

Um zum Volumen einer Kugel zu kommen, suchen wir nach nebeneinander liegenden Kugeln – wie sie in der Zeichnung auftreten: Hier liegen die Kugeln nebeneinander, deren Mittelpunkte um ℓ auseinander liegen.

Um nun ℓ berechnen zu können (wobei diese Strecke 2 Kugelradien entspricht), brauchen wir zuerst die ebenfalls noch unbekannte Strecke x, also die Projektion von ℓ auf den Boden. Mit den bekannten Größen ergibt sich nach Pythagoras:

$$x^2 = 2\cdot\left(\frac{a}{4}\right)^2 \quad \Rightarrow \quad x = \frac{a}{\sqrt{8}} \, .$$

Damit können wir in das in obiger Zeichnung angedeutete Dreieck gehen und erhalten

$$\ell^2 = x^2 + \left(\frac{a}{4}\right)^2 \quad \Rightarrow \quad \ell = \frac{1}{4}a\sqrt{3}\,.$$

Daher wird das Volumen einer Kugel im Diamantgitter (mit Pythagoras)

$$V_{\text{Kugel, Diamant}} = \frac{4}{3}\pi\left(\frac{\ell}{2}\right)^3 = \frac{\sqrt{3}}{128}\pi a^3\,.$$

Eine Zelle wird von 18 Kugeln aufgebaut, wobei acht Kugeln (an den Ecken) je ein Achtel ihres Volumens beitragen, sechs Kugeln (auf den Seitenmitten) je die Hälfte ihres Volumens beisteuern und schließlich noch vier Kugeln (durch ihre Lage mitten in einem Oktanten) ganz dazukommen. Also wird der Raumanteil der Kugeln

$$\frac{\left(8 \cdot \frac{1}{8} + 6 \cdot \frac{1}{2} + 4\right)V_{\text{Kugel, Diamant}}}{V_{\text{Zelle}}} = \frac{\sqrt{3}}{16}\pi \approx 0{,}34\,.$$

Also beträgt der maximale Anteil von Atomen im Diamantgitter beim Kugelmodell etwa 34 Prozent.

Wir haben gesehen, dass das Gitter mit der höchsten Raumfüllung das hcp-Gitter ist. Es ist auch tatsächlich die dichtestmögliche Anordnung von Kugeln gleicher Größe im Raum, wie schon der Astronom und Mathematiker Johannes Kepler vermutete. Der genaue Beweis konnte aber erst vor wenigen Jahren erbracht werden.

Strukturelemente am zweidimensionalen Gitter

In Bild 1.7 ist ein zweidimensionales Gitter gezeichnet.
a) Welche der eingezeichneten Vektorpaare sind primitive Translationsvektoren? Unter welchen Umständen stellen die anderen Vektorpaare primitive Translationen dar?
b) Wie sieht eine Elementarzelle des Gitters aus? Konstruieren Sie eine Wigner-Seitz-Zelle zu diesem vorgegebenen Gitter.

Lösung:

a) Die Vektorpaare (a_1, a_2) und (x_1, x_2) sind für diesen Gittertyp die primitiven Translationen, sie spannen das kleinstmögliche Volumen auf.
Dennoch könnten auch die anderen Vektorpaare primitive Translationen darstellen. (a_1, a_2) und (x_1, x_2) sind primitiv, wenn man alle Punkte als Atome gleicher Sorte ansieht, wenn also die Basis aus einem Atom besteht. Geht man von der einatomigen Basis über zu einer Basis mit mehreren Atomen (verschiedener Sorte), dann stellen auch die anderen Vektorpaare primitive Translationen (eben bezüglich einer anderen Basis) dar. Beispiele für solche anderen Basen sind für (b_1, b_2), (y_1, y_2) und (z_1, z_2) in Bild 1.8 gezeichnet, wobei

angemerkt sein muss, dass bei diesen Vektorpaaren auch eine andere Auswahl als Basis zugrunde gelegt werden kann.

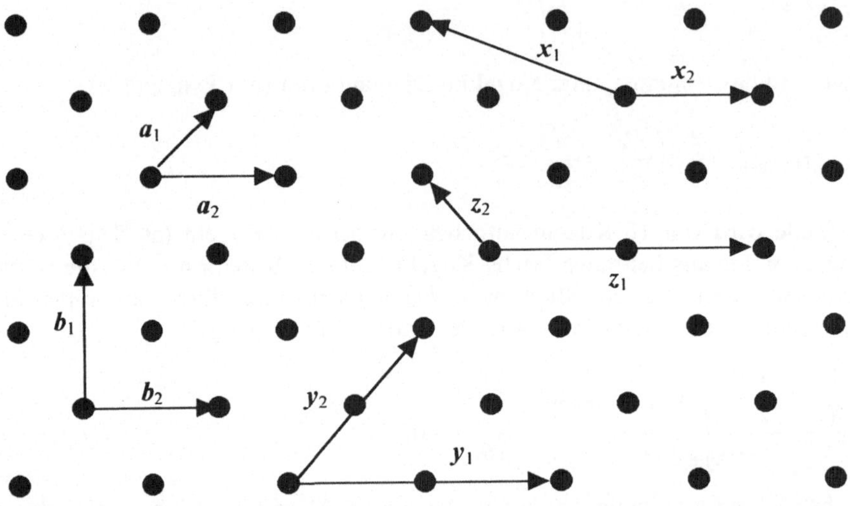

Bild 1.7:   Zweidimensionales Gitter mit Vektorpaaren

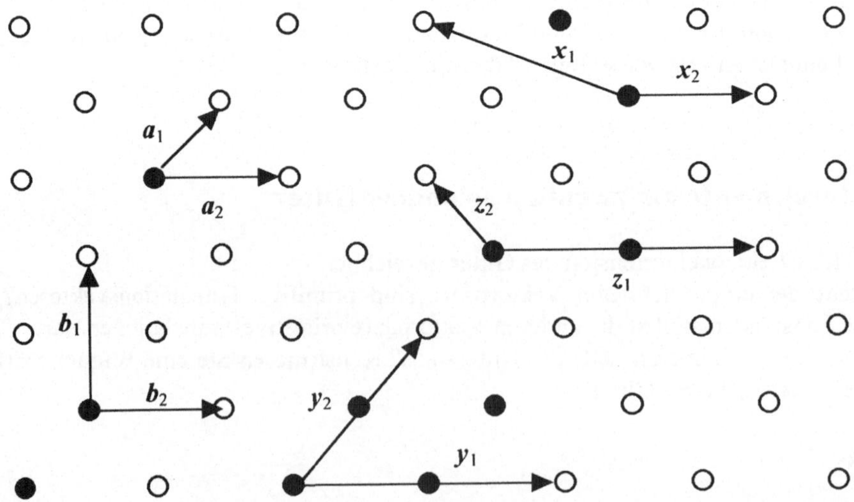

Bild 1.8:   Zweidimensionales Gitter aus Bild 1.7 mit anderen Basen, so dass die Vektorpaare (b_1, b_2), (y_1, y_2) und (z_1, z_2) primitiv werden (nur die jeweils zum entsprechenden Vektorpaar gezeichneten ausgefüllten Punkte stellen die Basen für diese Vektoren dar)

b) In Bild 1.9 sind eine Elementarzelle und eine Wigner-Seitz-Zelle zu diesem Gittertyp gezeichnet. Die Wigner-Seitz-Zelle wird konstruiert, indem man von einem Gitterpunkt

Strecken zu den nächsten Nachbarn zieht und dann auf diesen Strecken die Mittelsenkrechten errichtet. Die von den Mittelsenkrechten begrenzte Fläche stellt die Wigner-Seitz-Zelle dar. (Im Dreidimensionalen werden auf den Verbindungsstrecken Ebenen errichtet, die senkrecht zu diesen Strecken stehen. Dabei ergeben sich geometrisch interesante Körper als Wigner-Seitz-Zellen).

Die Wigner-Seitz-Zelle stellt das Analogon zur 1. Brillouin-Zone im reziproken Gitter dar, die geometrisch auf die gleiche Weise konstruiert wird. Die 1. Brillouin-Zone hat eine physikalisch wichtige Bedeutung, weil die meisten festkörperphysikalischen Phänomene innerhalb dieser Zone beschrieben werden können, so dass nicht der ganze Kristall für Darstellungen herangezogen werden muss.

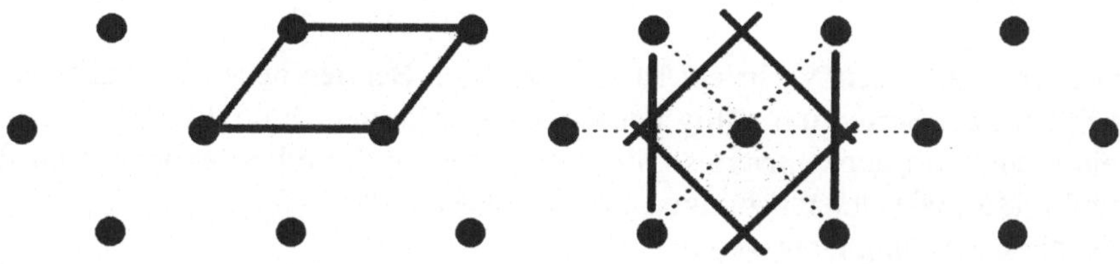

Bild 1.9: Elementarzelle und Wigner-Seitz-Zelle zum zweidimensionalen Gitter aus Bild 1.7

Abstand zwischen Gitteratomen in Natriumchlorid

Den NaCl-Kristall kann man sich vorstellen in Form eines fcc-Gitters mit einer Basis aus 2 Atomen oder in Form eines einfach kubischen Gitters, dessen Gitterpunkte abwechselnd mit einer der beiden Atomsorten besetzt sind. Seine Dichte beträgt $\rho = 2{,}165$ g/cm^3, das Atomgewicht von Na und Cl ist $A_{\text{Na}} = 22{,}99$ u, $A_{\text{Cl}} = 35{,}45$ u.

Berechnen Sie den Abstand zwischen Na- und Cl-Atomen.

Lösung:

In einer einfach kubischen Anordnung befinden sich an den Eckpunkten einer Elementarzelle 8 Atome, jeweils vier Natrium- und vier Chloratome. Jedes dieser Atome trägt mit einem Viertel zur Masse (bzw. zum Volumen) der Zelle bei. Da ein Mol eines Stoffes $6{,}022 \cdot 10^{23}$ Teilchen enthält, läßt sich die Masse (in Gramm) mit Hilfe der Beziehung

$$A_{\text{Stoff}} \cdot N_{\text{A}} = m_{\text{Mol, Stoff}}$$

berechnen (wobei N_{A} die Avogadro-Konstante ist).

Also setzen wir mit der Dichte an, die wir auf ein Mol zurückführen (also sowohl für die Masse als auch für das Volumen):

$$\rho = \frac{m}{V} = \frac{\left(n_{Na} \cdot A_{Na} + n_{Cl} \cdot A_{Cl}\right) \cdot N_A}{a^3 \cdot N_A}.$$

Mit $n_{Na} = n_{Cl} = 0{,}5$ ($= 4 \cdot 1/8$), N_A und den Angaben A_{Na} und A_{Cl} in Gramm ergibt sich der gesuchte Atomabstand (also die Gitterkonstante a) zu

$$a = \sqrt[3]{\frac{n_{Na} \cdot A_{Na} + n_{Cl} \cdot A_{Cl}}{\rho}} = 2{,}823 \cdot 10^{-10}\,\text{m}.$$

Bravais-Gitter

In einer wissenschaftlichen Nachricht ist zu lesen: „ ... Bei den neuen Kristallfunden handelt es sich bei zwei Sorten um völlig neuartige Gitterformen. Eine der neuen Kristallsorten hat ein monoklin raumzentriertes Gitter, eine weitere Sorte besitzt hexagonal flächenzentrierte Struktur, wie Untersuchungen ergeben haben. ...“
Wie ist diese Meldung zu bewerten?

Lösung:

Die 14 bekannten Bravais-Gitter-Typen beschreiben alle möglichen Kristallstrukturen, deshalb müssen die „neuen“ Kristallstrukturen auch von diesem Typ sein.
Wie üblich bezeichnen wir die Gitterkonstanten mit a, b und c und die Gitterwinkel durch $\alpha = \angle(b,c)$, $\beta = \angle(a,c)$ und $\gamma = \angle(a,b)$.

Im Fall des monoklin raumzentrierten Gitters läßt sich durch Betrachtung von vier aneinandergrenzenden Einheitszellen leicht der Gittertyp als triklin primitives Gitter orten:

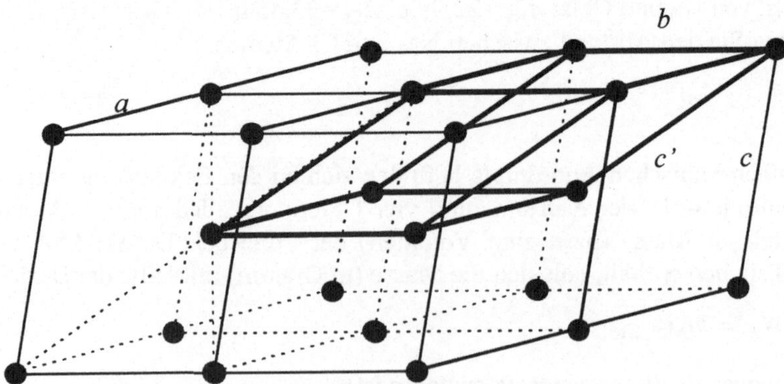

Bild 1.10: triklin primitives Gitter im monoklin raumzentrierten Gitter

Wie Bild 1.10 zeigt, geht das monoklin raumzentrierte Gitter mit

$$a \neq b \neq c \text{ und } \alpha = \gamma = 90° \neq \beta$$

über in ein triklin primitives Gitter mit

$a' \neq b' \neq c'$ und $\alpha' \neq \beta' \neq \gamma' \neq \alpha'$, wobei $a' = a$, $b' = b$ und $\gamma' = \gamma$.

Dabei benutzt man die raumzentrierten Gitteratome des Ausgangsgitters als neue Ebene, die den „Boden" in der neuen Einheitszelle aufspannt.

Das hexagonal flächenzentrierte Gitter ist natürlich auch keine neue Gitterstruktur, sondern wird durch eine ebenso einfache Betrachtung durch ein einfacheres Bravais-Gitter, nämlich das rhombisch raumzentrierte Gitter, beschrieben.

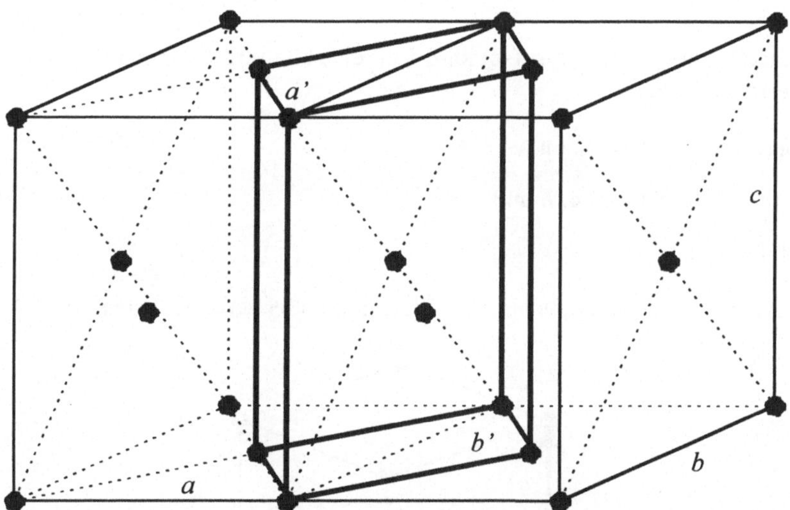

Bild 1.11: rhombisch raumzentriertes Gitter im hexagonal flächenzentrierten Gitter; aus Gründen der Übersichtlichkeit wurden die flächenzentrierten Gitterpunkte auf der Rückseite der beiden Einheitszellen weggelassen

Wie Bild 1.11 zeigt, geht das hexagonal flächenzentrierte Gitter mit

$a = b \neq c$ und $\alpha = \beta = 90°$, $\gamma = 120°$

über in ein rhombisch raumzentriertes Gitter mit

$a' \neq b' \neq c'$ und $\alpha' = \beta' = \gamma' = 90° = \alpha = \beta$, wobei $c' = c$.

Dabei betrachtet man die Gitteratome der Basis des Ausgangsgitters als zwei neue Eckatome, während das Atom in der a-c- bzw. b-c-Ebene zum raumzentrierten im neuen Gitter wird.

Elementarzelle und Einheitszelle der kubischen Gitter

Für die drei kubischen Gitter
a) einfach kubisches Gitter (sc),
b) kubisch-flächenzentriertes Gitter (fcc) und
c) kubisch-raumzentriertes Gitter (bcc)
sind die Volumina der jeweiligen Einheitszelle und der jeweils zugehörigen Elementarzelle
zu berechnen, wenn die Gitterkonstante des Kristalls jeweils a beträgt.
   Welche Winkel schließen die primitiven Translationen der jeweiligen Gitter ein?

Lösung:

a) Beim einfach kubischen Gitter (sc) sind Einheitszelle und Elementarzelle identisch, sie
haben jeweils das Volumen

$$V_{\text{Einheitszelle,sc}} = V_{\text{Elementarzelle,sc}} = a^3 \,.$$

Also sind die Gittervektoren a, b und c mit

$$|a| = |b| = |c| = a$$

gleichzeitig die primitiven Translationen, die aufeinander senkrecht stehen:

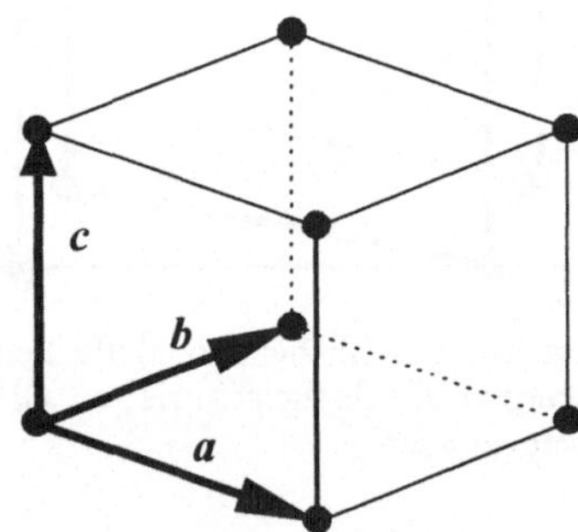

Bild 1.12: einfach kubische Einheitszelle – identisch mit der Elementarzelle

b) Die Einheitszelle des fcc-Gitters ist ebenfalls ein Würfel mit dem Volumen

$$V_{\text{Einheitszelle,fcc}} = a^3 \,,$$

der von den Gittervektoren a, b, c (s. Bild 1.12) mit

$$|a| = |b| = |c| = a$$

aufgepannt wird. Die Elementarzelle wird von den drei primitiven Translationen r, s, t
aufgespannt, die vom (festzulegenden) Gitterursprung zu den jeweiligen Atomen in den
Seitenmitten der Einheitszelle führen (s. Bild 1.13).
   In Gitterkoordinaten ausgedrückt kann man die primitiven Translationen mit

$$r = \begin{pmatrix} \dfrac{a}{2} \\[2mm] \dfrac{a}{2} \\[2mm] 0 \end{pmatrix}, \quad s = \begin{pmatrix} 0 \\[2mm] \dfrac{a}{2} \\[2mm] \dfrac{a}{2} \end{pmatrix}, \quad t = \begin{pmatrix} \dfrac{a}{2} \\[2mm] 0 \\[2mm] \dfrac{a}{2} \end{pmatrix}$$

beschreiben.

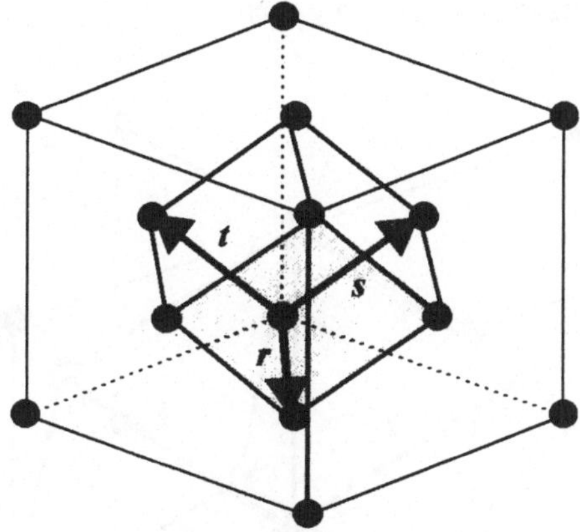

Bild 1.13: Einheitszelle des fcc-Gitters mit der durch die primitiven Translationen r, s, t aufgespannten Elementarzelle

Die durch sie aufgespannte Elementarzelle (s. Bild 1.13) ist ein Spat, dessen Volumen durch das Spatprodukt der drei Vektoren zu

$$V_{\text{Elementarzelle,fcc}} = \left|(r \times s) \cdot t\right| = \begin{vmatrix} \dfrac{a}{2} & 0 & \dfrac{a}{2} \\[2mm] \dfrac{a}{2} & \dfrac{a}{2} & 0 \\[2mm] 0 & \dfrac{a}{2} & \dfrac{a}{2} \end{vmatrix} = \frac{2 \cdot a^3}{8} = \frac{a^3}{4}$$

berechnet werden kann (wir erhalten hier also nur ein Viertel des Volumens der fcc-Einheitszelle).

Über das Skalarprodukt erhalten wir

$$\cos\left(\angle(r,s)\right) = \frac{r \cdot s}{|r| \cdot |s|} = \frac{\dfrac{a^2}{4}}{\sqrt{\dfrac{a^2}{2}} \cdot \sqrt{\dfrac{a^2}{2}}} = \frac{1}{2} \ .$$

Damit beträgt der Winkel zwischen zwei primitiven Translationen

$$\angle(r,s) = 60° = \angle(s,t) = \angle(r,t)$$

c) Auch die Einheitszelle des bcc-Gitters ist ein Würfel mit dem Volumen

$$V_{\text{Einheitszelle,bcc}} = a^3.$$

Die Elementarzelle wird aufgespannt durch die primitiven Translationen r, s, t, die vom Ursprung jeweils zu den in den Raummitten sitzenden Gitteratomen dreier benachbarter Einheitszellen nach der Skizze in Bild 1.14 gehen.

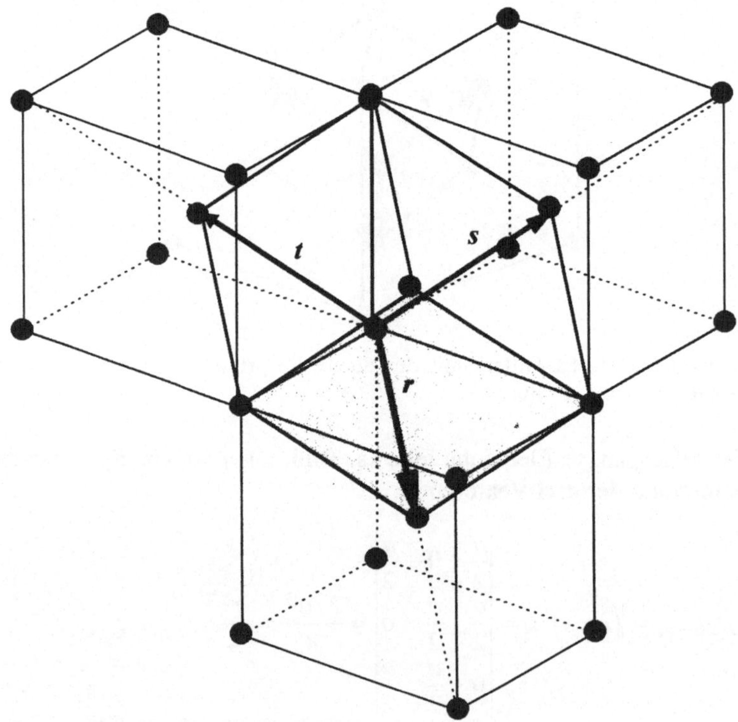

Bild 1.14: Einheitszelle des bcc-Gitters mit der durch die primitiven Translationen r, s, t aufgespannten Elementarzelle

Die primitiven Gittervektoren haben im bcc-Gitter die Koordinatendarstellung

$$r = \begin{pmatrix} \dfrac{a}{2} \\[2mm] -\dfrac{a}{2} \\[2mm] -\dfrac{a}{2} \end{pmatrix}, \ s = \begin{pmatrix} \dfrac{a}{2} \\[2mm] \dfrac{a}{2} \\[2mm] \dfrac{a}{2} \end{pmatrix}, \ t = \begin{pmatrix} -\dfrac{a}{2} \\[2mm] -\dfrac{a}{2} \\[2mm] \dfrac{a}{2} \end{pmatrix}.$$

Auch sie spannen ein Spat auf, dessen Volumen

$$V_{\text{Elementarzelle,bcc}} = \left|(\boldsymbol{r} \times \boldsymbol{s}) \cdot \boldsymbol{t}\right| = \begin{vmatrix} \dfrac{a}{2} & \dfrac{a}{2} & -\dfrac{a}{2} \\ -\dfrac{a}{2} & \dfrac{a}{2} & -\dfrac{a}{2} \\ -\dfrac{a}{2} & \dfrac{a}{2} & \dfrac{a}{2} \end{vmatrix} = \frac{4 \cdot a^3}{8} = \frac{a^3}{2}.$$

beträgt.

Auch für das bcc-Gitter nutzen wir das Skalarprodukt zu

$$\cos\big(\angle(\boldsymbol{r},\boldsymbol{s})\big) = \frac{\boldsymbol{r} \cdot \boldsymbol{s}}{|\boldsymbol{r}| \cdot |\boldsymbol{s}|} = \frac{-\dfrac{a^2}{4}}{\sqrt{\dfrac{3a^2}{2}} \cdot \sqrt{\dfrac{3a^2}{2}}} = -\frac{1}{3}.$$

so dass wir hier als Winkel zwischen zwei primitiven Translationen

$$\angle(\boldsymbol{r},\boldsymbol{s}) = 109{,}47° = \angle(\boldsymbol{s},\boldsymbol{t}) = \angle(\boldsymbol{r},\boldsymbol{t})$$

erhalten.

Reziprokes Gitter eines zweidimensionalen Gitters

Wir konstruieren uns ein zweidimensionales Gitter mit den Basisvektoren

$$\boldsymbol{a} = \sqrt{3}\boldsymbol{x} + \boldsymbol{y}, \quad \boldsymbol{b} = \sqrt{3}\boldsymbol{x} - \boldsymbol{y},$$

wobei $\boldsymbol{x}$ und $\boldsymbol{y}$ irgendwelche Einheitsvektoren in vorgegebene x- und y-Richtung sind.

Geben Sie zu diesen Vektoren die Basisvektoren des reziproken Gitters an.

Lösung:

Wenn $\boldsymbol{A}$ und $\boldsymbol{B}$ die Basisvektoren des reziproken Gitters sind, ergeben sich nach den Überlegungen der vorangegangenen Aufgabe:

$$\boldsymbol{A} \cdot \boldsymbol{a} = 2\pi = \begin{pmatrix} A_1 \\ A_2 \end{pmatrix}\begin{pmatrix} \sqrt{3} \\ 1 \end{pmatrix} \;\Rightarrow\; \sqrt{3}A_1 + A_2 = 2\pi$$

$$\boldsymbol{A} \cdot \boldsymbol{b} = 0 = \begin{pmatrix} A_1 \\ A_2 \end{pmatrix}\begin{pmatrix} \sqrt{3} \\ -1 \end{pmatrix} \;\Rightarrow\; \sqrt{3}A_1 - A_2 = 0$$

$$\boldsymbol{B} \cdot \boldsymbol{a} = 0 = \begin{pmatrix} B_1 \\ B_2 \end{pmatrix}\begin{pmatrix} \sqrt{3} \\ 1 \end{pmatrix} \quad \Rightarrow \quad \sqrt{3}B_1 + B_2 = 0$$

$$\boldsymbol{B} \cdot \boldsymbol{b} = 2\pi = \begin{pmatrix} B_1 \\ B_2 \end{pmatrix}\begin{pmatrix} \sqrt{3} \\ -1 \end{pmatrix} \quad \Rightarrow \quad \sqrt{3}B_1 - A_2 = 2\pi \ .$$

Aus der ersten und der zweiten Gleichung ergibt sich A_1 zu

$$A_1 = \frac{\pi}{\sqrt{3}} \, ,$$

dies in die erste oder zweite Gleichung eingesetzt gibt

$$A_2 = \pi \ .$$

Entsprechend folgt aus der dritten und vierten Gleichung

$$B_1 = \frac{\pi}{\sqrt{3}} \, ,$$

was mit der dritten (oder alternativ mit der vierten) Gleichung zu

$$B_2 = -\pi$$

führt.

Also heißen die gesuchten reziproken Vektoren:

$$A = \pi \begin{pmatrix} \dfrac{\sqrt{3}}{3} \\ 1 \end{pmatrix} = \frac{\sqrt{3}}{3}\, \pi x + \pi y \, ,$$

$$B = \pi \begin{pmatrix} \dfrac{\sqrt{3}}{3} \\ -1 \end{pmatrix} = \frac{\sqrt{3}}{3}\, \pi x - \pi y \ .$$

Reziprokes Gitter einer fcc-Struktur

Der reziproke Vektor zu einem Gittervektor steht senkrecht auf diesem. Berechnen Sie mit dem elementargeometrischen Skalarprodukt die Basisvektoren eines reziproken Gitters einer fcc-Struktur. Welche Struktur hat das reziproke Gitter? Was kann man daraus für das reziproke Gitter einer bcc-Struktur folgern?

Lösung:

Als Basisvektoren für das fcc-Gitter (Gitterkonstante a) ergeben sich nach Bild 1.15:

$$\boldsymbol{a}_1 = \frac{a}{2}\begin{pmatrix} 1 \\ 1 \\ 0 \end{pmatrix},\ \boldsymbol{a}_2 = \frac{a}{2}\begin{pmatrix} 1 \\ 0 \\ 1 \end{pmatrix},\ \boldsymbol{a}_3 = \frac{a}{2}\begin{pmatrix} 0 \\ 1 \\ 1 \end{pmatrix}.$$

Setzen wir $\boldsymbol{A}_1, \boldsymbol{A}_2, \boldsymbol{A}_3$ als Basisvektoren des reziproken Gitters an, so muß gelten:

$$\boldsymbol{A}_i \cdot \boldsymbol{a}_j = 2\pi \cdot \delta_{ij}.$$

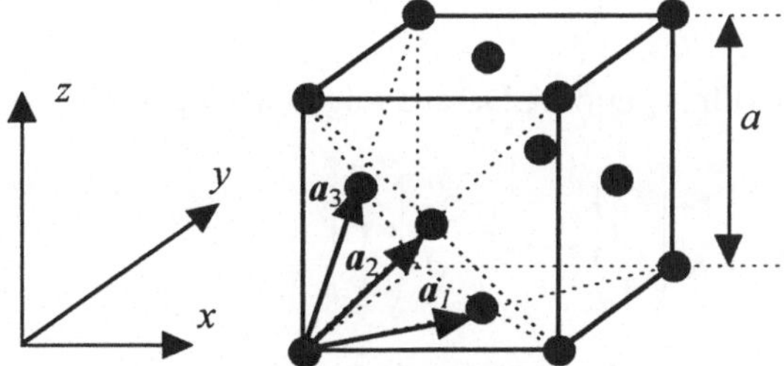

Bild 1.15: Einheitszelle eines fcc-Gitters mit zugehörigen Basisvektoren

Explizit errechnen wir für $\boldsymbol{A}_1$:

$$\boldsymbol{A}_1 \cdot \boldsymbol{a}_1 = \begin{pmatrix} A_{11} \\ A_{12} \\ A_{13} \end{pmatrix}\begin{pmatrix} \dfrac{a}{2} \\ \dfrac{a}{2} \\ 0 \end{pmatrix} = \frac{a}{2}\cdot A_{11} + \frac{a}{2}\cdot A_{12} \overset{!}{=} 2\pi$$

$$\boldsymbol{A}_1 \cdot \boldsymbol{a}_2 = \begin{pmatrix} A_{11} \\ A_{12} \\ A_{13} \end{pmatrix}\begin{pmatrix} \dfrac{a}{2} \\ 0 \\ \dfrac{a}{2} \end{pmatrix} = \frac{a}{2}\cdot A_{11} + \frac{a}{2}\cdot A_{13} \overset{!}{=} 0 \ \Rightarrow\ A_{11} = -A_{13}$$

$$\boldsymbol{A}_1 \cdot \boldsymbol{a}_3 = \begin{pmatrix} A_{11} \\ A_{12} \\ A_{13} \end{pmatrix}\begin{pmatrix} 0 \\ \dfrac{a}{2} \\ \dfrac{a}{2} \end{pmatrix} = \frac{a}{2}\cdot A_{12} + \frac{a}{2}\cdot A_{13} \overset{!}{=} 0 \ \Rightarrow\ A_{12} = -A_{13}.$$

$$A_1 \cdot a_3 = \begin{pmatrix} A_{11} \\ A_{12} \\ A_{13} \end{pmatrix} \begin{pmatrix} 0 \\ \dfrac{a}{2} \\ \dfrac{a}{2} \end{pmatrix} = \frac{a}{2} \cdot A_{12} + \frac{a}{2} \cdot A_{13} \overset{!}{=} 0 \quad \Rightarrow \quad A_{12} = -A_{13}$$

Mit dieser und den oben gefundenen Beziehungen lassen sich auch die anderen Koordinaten von A zu

$$A_{12} = A_{11}; \; A_{11} = \frac{2\pi}{a}$$

berechnen.

Analog rechnet man für A_2 und A_3. Daraus folgen als Vektoren des reziproken Gitters:

$$A_1 = \frac{2\pi}{a} \begin{pmatrix} 1 \\ 1 \\ -1 \end{pmatrix}, \; A_2 = \frac{2\pi}{a} \begin{pmatrix} 1 \\ -1 \\ 1 \end{pmatrix}, \; A_3 = \frac{2\pi}{a} \begin{pmatrix} -1 \\ 1 \\ 1 \end{pmatrix}.$$

Diese Vektoren sind aber nichts anderes als Basisvektoren eines bcc-Gitters (und zeigen auf die jeweils in den Mitten der bcc-Zellen sitzenden Gitterbausteine) – also hat das reziproke Gitter einer fcc-Struktur bcc-Struktur.

Umgekehrt läßt sich auf diese Weise (oder durch entsprechende „Rückwärtsrechnung") auch zeigen, dass das reziproke Gitter eines bcc-Gitters ein fcc-Gitter darstellt.

1.2 Strukturanalyse

Wellenlängen bei Strukturanalysen

Strukturanalysen werden unter anderem auch mit Elektronen oder Neutronen durchgeführt. Um Aussagen über den Kristallbau zu bekommen, müssen die Wellenlängen der Analysestrahlen im atomaren Größenbereich liegen. Bei welcher Energie beträgt die De Broglie-Wellenlänge eines Elektrons bzw. eines Neutrons 0,2 nm? Bei welcher Temperatur haben die Teilchen diese mittlere Energie?

Lösung:

Zum einen braucht man den Ansatz für die kinetische Energie, zum anderen die Teilchen-Wellen-Beziehung nach de Broglie, also

$$E_{kin} = \frac{1}{2} mv^2 = \frac{p^2}{2m} \;\Rightarrow\; p = \sqrt{2mE_{kin}}$$

und

$$E = mc^2 = pc \;\Rightarrow\; p = \frac{E}{c} = \frac{h\nu}{c} = \frac{h}{\lambda}.$$

Gleichsetzen der beiden Impuls-Ausdrücke liefert für die kinetische Energie

$$\frac{h}{\lambda} = \sqrt{2mE_{kin}} \;\Rightarrow\; E_{kin} = \frac{h^2}{\lambda^2 \cdot 2m}.$$

Die mittlere kinetische Energie beträgt pro Freiheitsgrad

$$\overline{E}_{kin} = \frac{1}{2} k_B T ,$$

also ist die gesamte mittlere kinetische Energie gerade

$$\overline{E}_{kin,ges} = \frac{3}{2} k_B T .$$

Daraus läßt sich die gesuchte Temperatur ableiten.
Mit den gegebenen Werten ergeben sich die gesuchten Daten für die Elektronen zu

$$E_{kin,Elektronen} = 6{,}024 \cdot 10^{-18} \text{ J}, \; T_{Elektronen} = 291014{,}5 \text{ K}$$

und für die Neutronen zu

$$E_{kin.,Neutronen} = 3{,}28 \cdot 10^{-21} \text{ J}, \; T_{Neutronen} = 158{,}3 \text{ K}.$$

Bragg-Reflexion an Kristallen

Für Kristallstrukturuntersuchungen wird eine Kupfer-Röntgenröhre benutzt, bei der die K_α-Linie die Wellenlänge 0,1541 nm besitzt.
a) Wie groß ist die kinetische Energie (in eV) der beschleunigten Elektronen mindestens, bevor diese auf die Kupfer-Anode auftreffen?
b) Mit der zur Verfügung stehenden Röntgenstrahlung wird ein kubisch primitiver Kristall der Kantenlänge $a = 0{,}383$ nm untersucht. Welche Bragg-Winkel gehören zu den Reflexionen an den Ebenen (100), (110), (111), (034)? Wie groß sind dabei jeweils die Netzebenenabstände?
c) In einem zweiten Versuchsteil wird mit der gleichen Röntgenstrahlung ein bcc-Kristall beschossen. Bei diesem Experiment wird ein Bragg-Winkel von 10,39° für die Reflexion an der (110)-Ebene gemessen. Aus welchem Element besteht der Kristall?

Lösung:

a) Mit den angegebenen Werten und der Beziehung $1\ \mathrm{eV} = 1{,}6\cdot10^{-19}\ \mathrm{J}$ folgt für die kinetische Energie der Elektronen:

$$E_{\mathrm{kin}} = h\nu = h\frac{c}{\lambda} = 1{,}20\cdot10^{-15}\ \mathrm{J} = 8{,}0625\ \mathrm{keV}\ .$$

b) Zunächst gilt die Bragg-Bedingung, die auf die Glanzwinkel verweist:

$$2d_{hkl}\sin\vartheta_n = n\cdot\lambda \ \Rightarrow\ \sin\vartheta_n = \frac{n\cdot\lambda}{2d_{hkl}}\ ,$$

wobei die Netzebenenabstände d_{hkl} mit den reziproken Gittervektoren über

$$d_{hkl} = \frac{2\pi}{\left|h\cdot\boldsymbol{g}_1 + k\cdot\boldsymbol{g}_2 + l\cdot\boldsymbol{g}_3\right|}$$

zusammenhängen, wobei für kubische Gitter aller Art in dieser Formel die reziproken Gittervektoren eines einfach kubischen Gitters (sc) eingesetzt werden zu

$$\boldsymbol{g}_1 = \frac{2\pi}{a}\begin{pmatrix}1\\0\\0\end{pmatrix}\ ,\ \boldsymbol{g}_2 = \frac{2\pi}{a}\begin{pmatrix}0\\1\\0\end{pmatrix}\ ,\ \boldsymbol{g}_3 = \frac{2\pi}{a}\begin{pmatrix}0\\0\\1\end{pmatrix}\ .$$

Damit ergibt sich für die 100-Ebene der Netzebenenabstand zu

$$d_{100} = \frac{2\pi}{\left|\dfrac{2\pi}{a}\begin{pmatrix}1\\0\\0\end{pmatrix}\right|} = \frac{2\pi}{\dfrac{2\pi}{a}} = a\ .$$

Dies in die Bragg-Bedingung eingesetzt führt zur Bestimmung der Winkel:

$$\sin\vartheta_n = \frac{n\cdot\lambda}{2a} \approx 0{,}201\cdot n\ .$$

Setzt man nun n ein, so ergeben sich die möglichen vier Glanzwinkel, in denen an der 100-Ebene Reflexionen beobachtet werden können, zu:

$$\vartheta_1 = 11{,}6°\ ,\ \vartheta_2 = 23{,}7°\ ,\ \vartheta_3 = 37{,}1°\ ,\ \vartheta_4 = 53{,}5°\ .$$

Für die 110-Ebene folgt der Netzebenenabstand zu

$$d_{110} = \frac{2\pi}{\left| \frac{2\pi}{a} \begin{pmatrix} 1 \\ 1 \\ 0 \end{pmatrix} \right|} = \frac{a}{\sqrt{2}} \, .$$

Mit der Bragg-Bedingung folgt als Bestimmungsgleichung für die Winkel:

$$\sin \vartheta_n = \sqrt{2} \, \frac{n \cdot \lambda}{2a} \approx 0{,}285 \cdot n \, .$$

Nach Einsetzen von n ergeben sich die möglichen drei Glanzwinkel, in denen an der 110-Ebene Reflexionen beobachtet werden können, zu:

$$\vartheta_1 = 16{,}5° \, , \quad \vartheta_2 = 34{,}7° \, , \quad \vartheta_3 = 58{,}8° \, .$$

Für die 111-Ebene folgt der Netzebenenabstand zu

$$d_{111} = \frac{2\pi}{\left| \frac{2\pi}{a} \begin{pmatrix} 1 \\ 1 \\ 1 \end{pmatrix} \right|} = \frac{a}{\sqrt{3}} \, .$$

Mit der Bragg-Bedingung folgt als Bestimmungsgleichung für die Winkel:

$$\sin \vartheta_n = \sqrt{3} \, \frac{n \cdot \lambda}{2a} \approx 0{,}348 \cdot n \, .$$

Nach Einsetzen von n ergeben sich die möglichen beiden Glanzwinkel, bei denen an der 111-Ebene Reflexionen auftreten, zu:

$$\vartheta_1 = 20{,}4° \, , \quad \vartheta_2 = 44{,}1° \, .$$

Für die 034-Ebene folgt der Netzebenenabstand zu

$$d_{034} = \frac{2\pi}{\left| \frac{2\pi}{a} \begin{pmatrix} 0 \\ 3 \\ 4 \end{pmatrix} \right|} = \frac{a}{5} \, .$$

Mit der Bragg-Bedingung folgt als Bestimmungsgleichung für die Winkel:

$$\sin \vartheta_n = 5 \frac{n \cdot \lambda}{2a} \approx 1{,}006 \cdot n \, .$$

Da $0 < \sin \vartheta < 1$, tauchen also für die 034-Ebene(n) keine Reflexe auf.

c) Für kubische Kristalle gilt:

$$d_{hkl} = \frac{a}{\sqrt{h^2 + k^2 + l^2}} \, ,$$

also erhalten wir für die 110-Ebene:

$$d_{110} = \frac{a}{\sqrt{2}} \;\Rightarrow\; a = d_{110} \cdot \sqrt{2} = \sqrt{2} \cdot \frac{\lambda}{2 \cdot \sin \vartheta} = 0{,}6048 \text{ nm} \, .$$

Vergleicht man diesen Wert mit Tabellen, könnte dies auf Cäsium mit $a = 0{,}605$ nm deuten.

Strukturbedingungen für fcc- und bcc- Reflexmuster

Aus den gittergeometrischen Gegebenheiten kann man schon prinzipielle Voraussagen machen für das Auftreten – bzw. das Fehlen – bestimmter Reflexe – und diesen Zusammenhang umgekehrt für die Auswertung von Reflexmustern zunutze machen, um schon sehr schnell auf mögliche Kristallgitter zu schließen.

a) Warum kann beim Fehlen von Reflexen, die zu Millerschen Indizes gehören, die teilweise gerade und teilweise ungerade sind, eine fcc-Struktur bei der untersuchten Kristallprobe vorliegen?

b) Bei Untersuchungen von metallischem Natrium fehlen die Linien, die zu den Ebenen (100), (300) und (111) gehören. Wie folgt dies aus der bcc-Struktur, die das Material hat?

Lösung:

a) Wählt man für die fcc-Struktur einen Würfel als Einheitszelle, so besteht die Basis aus 4 Atomen. Bei der fcc-Struktur sitzen die Basisatome auf den Koordinatentripeln $(0,0,0)$, $(1/2,1/2,0)$, $(0,1/2,1/2)$ und $(1/2,0,1/2)$ (allgemein: Koordinaten (ρ_j,σ_j,τ_j)).

Diese Koordinaten setzt man in die Gleichung für die Strukturamplitude F_{hkl}

$$F_{hkl} = \sum_{j=1}^{4} f_j \mathrm{e}^{-2\pi\mathrm{i}\left(h\rho_j + k\sigma_j + l\tau_j\right)}$$

ein, so dass sich in diesem Fall ergibt:

$$F_{hkl} = f_1 + f_2 \mathrm{e}^{-\mathrm{i}\pi(h+k)} + f_3 \mathrm{e}^{-\mathrm{i}\pi(k+l)} + f_4 \mathrm{e}^{-\mathrm{i}\pi(h+l)} \, .$$

Um zu zeigen, dass die Strukturamplitude F_{hkl} Null wird, wenn die Millerschen Indizes *hkl* teilweise gerade und teilweise ungerade sind, betrachten wir zunächst den Fall, daß 2 Indizes gerade sind, o.B.d.A. *h,k* gerade und *l* ungerade, und setzen voraus, dass es sich bei der Basis um gleiche Atome handelt, also $f_1 = f_2 = f_3 = f_4 = f$.

Damit wird F_{hkl} zu

$$F_{hkl} = f\left(1 + e^{-i\pi\underbrace{(h+k)}_{\text{gerade}}} + e^{-i\pi\underbrace{(k+l)}_{\text{ungerade}}} + e^{-i\pi\underbrace{(h+l)}_{\text{ungerade}}}\right) = f(1+1-1-1) = 0\,,$$

weil

$$e^{-i\pi\cdot(\text{gerade Zahl})} = 1\,,\ e^{-i\pi\cdot(\text{ungerade Zahl})} = -1\,,\ e^{-i\frac{\pi}{2}\cdot(\text{ungerade Zahl})} = 1\,.$$

Im zweiten Fall betrachten wir 2 ungerade Indizes, o.B.d.A. h gerade, k und l ungerade. Damit erhalten wir:

$$F_{hkl} = f\left(1 + e^{-i\pi\underbrace{(h+k)}_{\text{ungerade}}} + e^{-i\pi\underbrace{(k+l)}_{\text{gerade}}} + e^{-i\pi\underbrace{(h+l)}_{\text{ungerade}}}\right) = f(1-1+1-1) = 0\,.$$

b) Bei einer bcc-Struktur besetzen die Basisatome die Plätze $(0,0,0)$ und $(1/2,1/2,1/2)$. Diese Information setzen wir in die allgemeine Formel für die Strukturamplitude F_{hkl} ein und erhalten damit

$$F_{hkl} = f(1 + e^{-i\pi(h+k+l)})\,.$$

Keine Linien bedeutet, daß $F_{hkl} = 0$ ist. Dies impliziert aber

$$F_{hkl} = 0 \ \Leftrightarrow\ e^{-i\pi(h+k+l)} = -1 \ \Leftrightarrow\ h+k+l = 2n+1, n \in \mathbf{Z}\,,$$

d.h. wenn $(h + k + l)$ ungerade ist. Dies ist aber gerade dann der Fall, wenn alle Indizes ungerade sind (also etwa bei (111), oder wenn zwei Indizes gerade, der andere ungerade sind, wie bei (100), (300).

Analog erhält man Reflexe, wenn F_{hkl} nicht Null wird, d.h.:

$$F_{hkl} = 2f \ \Leftrightarrow\ e^{-i\pi(h+k+l)} = 1 \ \Leftrightarrow\ h+k+l = 2n, n \in \mathbf{Z}\,,$$

d.h. wenn $(h + k + l)$ gerade ist. Dies ist dann der Fall, wenn alle Indizes gerade sind, oder wenn zwei Indizes ungerade sind (und damit der dritte gerade ist).

Erlaubte Reflexe bei Diamant

Die Millerschen Indizes hkl der Reflexe, die bei Strukturuntersuchungen am Diamantgitter zu beobachten sind, erfüllen die Gleichung $h + k + l = 4n$, wenn alle Indizes gerade sind und n eine ganze Zahl ist – oder wenn alle Indizes ungerade sind.
a) Wie folgt dies aus der Diamantstruktur?
b) Die (222)-Reflexe sind damit verboten, sie treten aber auf, wenn man in der Mitte zwischen nächsten Nachbarn zusätzliche Elektronenensembles einbringt. Warum?

Lösung:

a) Wenn man einen Würfel als Einheitszelle für Diamant nimmt, besteht die Basis aus acht Atomen.

In die bekannte Formel für die Ermittlung der Strukturamplitude setzen wir darin die Koordinaten der acht Basisatome ein:

(0,0,0), (1/2,1/2,0), (1/2,0,1/2), (0,1/2,1/2), (1/4,1/4,1/4), (3/4,3/4,1/4), (3/4,1/4,3/4), (1/4,3/4,3/4).

(Wie man sieht, gehen die letzten vier Koordinatentripel aus den ersten vier hervor - dazu wird lediglich ausgenutzt, dass das Diamantgitter aus zwei um ¼ der Raumdiagonalen verschobenen fcc-Gitter besteht.)

Damit wird die Strukturamplitude berechnet, wobei $f_1 = f_2 = \dots = f_8 = f$, so dass

$$F_{hkl} = f\left(1 + e^{-i\pi(h+k)} + e^{-i\pi(h+l)} + e^{-i\pi(k+l)}\right) +$$
$$+ f\left(e^{-i\pi/2(h+k+l)}\left(1 + e^{-i\pi(h+k)} + e^{-i\pi(k+l)} + e^{-i\pi(h+l)}\right)\right) .$$

aa) Im 1. Fall betrachten wir h,k,l ungerade:

Damit wird die Strukturamplitude zu

$$F_{hkl} = f\left(1 + 1 + 1 + 1 + e^{-i\pi/2(h+k+l)}\left(1 + 1 + 1 + 1\right)\right) = f(4 + 4i) .$$

Da die Intensität der beobachteten Reflexe proportional zu F^2 ist, wird die Intensität berechenbar über

$$I \propto F^2 = F \cdot F^* = f^2(16 + 16) = 32f^2 .$$

(Mit F^* ist das konjugiert Komplexe zu F gemeint.)

Da dies nicht Null ist, erhalten wir also bei Ebenen mit Millerschen Indizes *hkl* alle ungerade Reflexion.

ab) Im 2. Fall betrachten wir h,k,l alle gerade:

Damit wird die Strukturamplitude zu

$$F_{hkl} = f\left(1 + 1 + 1 + 1 + e^{-i\pi/2(h+k+l)}\left(1 + 1 + 1 + 1\right)\right) = f\left(4 + 4e^{-i\pi/2(h+k+l)}\right) .$$

Da die Indizes alle gerade sind, ist auch deren Summe $h + k + l$ gerade.

Nun bleiben noch zwei Unterfälle (i) und ii)) übrig, nämlich zum einen der Fall, dass die Summe ein Vielfaches von 4 ist, zum anderen, dass die Summe gerade ist, aber nicht durch 4 teilbar:

i) Ist $h + k + l = 4n$ mit $n \in \mathbf{Z}$, dann wird

$$e^{-i\pi/2(h+k+l)} = e^{-i\pi/2(4n)} = e^{-i\pi 2n} = 1 \,.$$

Damit wird $F_{hkl} = 8f$ und die Intensität proportional zu $F^2 = 64f^2$. Also haben wir in diesem Fall ($h + k + l = 4n$) auch Reflexion.

ii) Ist $h + k + l$ zwar weiterhin gerade, aber nicht durch 4 teilbar, so wird

$$e^{-i\pi/2(h+k+l)} = -1 \,.$$

Damit wird $F_{hkl} = 0$ – somit tritt in diesem Fall keine Reflexion auf.

ac/ad) Im 3. und 4. Fall, in denen wir zwei gerade und einen ungeraden Index betrachten, bzw. zwei ungerade und einen geraden Index betrachten, ergibt sich nach Einsetzen in die allgemeine Formel für die Strukturamplitude jeweils

$$F_{hkl} = 0 \,.$$

Damit haben wir auch in diesen beiden Fällen Ebenen vorliegen, an denen keine Reflexion stattfindet.

b) Durch die Erhöhung der Elektronenkonzentration wird die Zahl der streuenden Objekte erhöht, zum anderen der Netzebenenabstand von

$$d = \frac{a}{\sqrt{h^2 + k^2 + l^2}}$$

auf

$$\tilde{d} = \frac{d}{2} = \frac{a}{2\sqrt{h^2 + k^2 + l^2}} = \frac{a}{\sqrt{(2h)^2 + (2k)^2 + (2l)^2}}$$

verringert.

Damit werden aus den (222)-Ebenen im Diamant, an denen Reflexe verboten sind, (444)-Ebenen im „halbierten Gitter", bzw.:

$$\tilde{h} + \tilde{k} + \tilde{l} = (2h)^2 + (2k)^2 + (2l)^2 = 4 + 4 + 4 = 12 = 3 \cdot 4 \,,$$

so dass hier die Summe der Millerschen Indizes wieder ein Vielfaches von 4 ist – und damit Reflexe erlaubt sind.

Reflexe an Mischkristallen

Bestrahlt man bei Strukturuntersuchungen Kristalle aus mehreren Atom- oder Ionensorten mit Röntgenstrahlen, so kann man auf die auftretetenden Reflexe schließen – man muss allerdings beide Atomsorten getrennt betrachten.

Dies wollen wir exemplarisch an Kupferoxid tun, das ein kubisch raumzentriertes Gitter mit einem Sauerstoffatom im Ursprung und in der Mitte der kubischen Zelle besitzt. Man kann sich das Gitter leicht visualisieren, indem man einen Ausschnitt betrachtet, bei dem die Kupferatome in Form eines Tetraeders um das zentrale Sauerstoffatom sitzen (s. Bild 1.13). Die Kupferatome haben die Koordinaten $(a/4,a/4,a/4)$, $(a/4,3a/4,3a/4)$, $(3a/4,3a/4,a/4)$ und $(3a/4,a/4,3a/4)$.

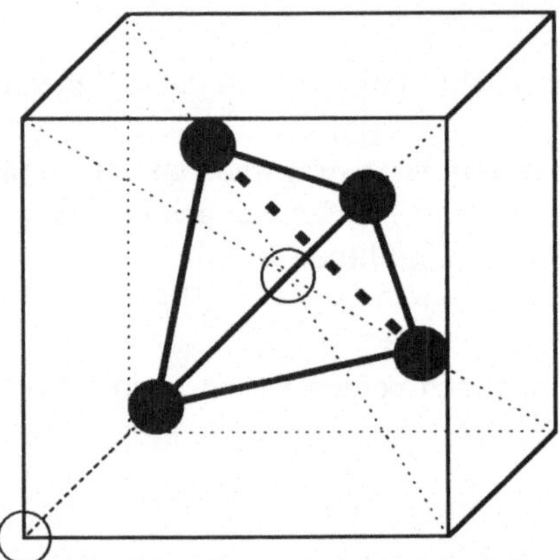

Bild 1.13: Kupferoxid; die Kupferatome (dunkel gefärbt) bilden einen Tetraeder um das in der Zellenmitte sitzende Sauerstoffatom

Für welche Millerschen Indizes treten Reflexe an Kupferoxid auf?

Lösung:

Die Sauerstoffatome sitzen auf den Koordinaten $(0,0,0)$ und $(1/2,1/2,1/2)$. Damit erhalten wir als Strukturamplitude für den Sauerstoff:

$$F_{hkl}^{O} = f^{O}\left(1 + e^{-i\pi(h+k+l)}\right).$$

Die Kupferatome haben die Koordinaten $(1/4,1/4,1/4)$, $(1/4,3/4,3/4)$, $(3/4,3/4,1/4)$ und $(3/4,1/4,3/4)$. Damit wird die Strukturamplitude für das Kupfer

$$F_{hkl}^{Cu} = f^{Cu}\left(e^{-i\pi/2(h+k+l)} + e^{-i\pi/2(h+3k+3l)} + e^{-i\pi/2(3h+3k+l)} + e^{-i\pi(3h+k+3l)}\right)$$

$$= f^{Cu}e^{-i\pi/2(h+k+l)}\left(1 + e^{-i\pi(k+l)} + e^{-i\pi(h+k)} + e^{-i\pi(k+l)}\right)$$

Für das Kupferoxid als Ganzes läßt sich nun die Strukturamplitude aus den einzelnen Komponenten leicht zusammensetzen zu

$$F_{hkl}^{CuO} = F_{hkl}^{Cu} + F_{hkl}^{O}.$$

Wie in der vorangegangenen Aufgabe spielen wir nun alle möglichen Indexkombinationen durch, um die Frage nach Reflexen aufzuklären.

Dabei betrachten wir zusätzlich Reflexe an den Kupfer- und an den Sauerstoffatomen getrennt, so daß wir auch darüber Strukturaussagen bekommen.

Im 1. Fall nehmen wir an, h,k,l seien alle ungerade. Damit werden

$$F_{hkl}^{\mathrm{O}} = f^{\,\mathrm{O}}(1-1) = 0$$

und

$$F_{hkl}^{\mathrm{Cu}} = f^{\,\mathrm{Cu}}(\pm i)(1+1+1+1) = 4(\pm i)f^{\,\mathrm{Cu}} \;\Rightarrow\; I \propto F_{hkl}^{2} = 16 f^{\,\mathrm{Cu}}\,.$$

Also haben wir in diesem Fall keine Reflexe an den Sauerstoffatomen, jedoch interferieren bei ungeraden h,k,l die an den Kupferatomen gestreuten Strahlen, so dass insgesamt Reflexionen zu beobachten sind.

Im 2. Fall nehmen wir an, h,k,l seien alle gerade. Damit werden

$$F_{hkl}^{\mathrm{O}} = f^{\,\mathrm{O}}(1+1) = 2 f^{\,\mathrm{O}}$$

und

$$F_{hkl}^{\mathrm{Cu}} = f^{\,\mathrm{Cu}} e^{-i\pi/2(h+k+l)} = 4 f^{\,\mathrm{Cu}} e^{-i\pi/2(h+k+l)}\,.$$

Damit hätten wir schon geklärt, daß in diesem Fall Reflexe an den Sauerstoffatomen auftreten, die in der vorigen Aufgabe nötige Fallunterscheidung können wir uns hier aber sparen.

Zwar erhalten wir für $h + k + l = 4n$, $n \in \mathbf{Z}$, eine Strukturamplitude von

$$F_{hkl}^{\mathrm{Cu}} = 4 f^{\,\mathrm{Cu}},$$

im Fall, dass die Summe der Millerschen Indizes $h + k + l$ zwar gerade, aber nicht durch 4 teilbar ist, eine Strukturamplitude von

$$F_{hkl}^{\mathrm{Cu}} = -4 f^{\,\mathrm{Cu}},$$

aber da die Intensität mit dem Quadrat der Strukturamplitude wächst, ist in beiden Fällen ein positives Ergebnis für die Intensität zu erwarten.

Also haben wir im Fall gerader Indizes auf jeden Fall Reflexe vorliegen, und zwar an beiden Atomsorten.

In einem 3. Fall untersuchen wir die Strukturamplitude bei 2 geraden Indizes, einem ungeraden Index, o.B.d.A. seien h,k gerade, l ungerade. Damit folgt

$$F_{hkl}^{\mathrm{O}} = f^{\,\mathrm{O}}(1-1) = 0$$

und

$$F_{hkl}^{Cu} = f^{Cu}(1 - 1 + 1 - 1)e^{-i\pi/2(h+k+l)} = 0 \, .$$

Hier erhalten wir also keine Reflexe.

Schließlich folgern wir im 4. Fall bei 2 ungeraden Indizes, einem geraden Index, o.B.d.A. h,k ungerade und l gerade:

$$F_{hkl}^{O} = f^{O}(1 + 1) = 2f^{O}$$

und

$$F_{hkl}^{Cu} = f^{Cu}(1 - 1 + 1 - 1)e^{-i\pi/2(h+k+l)} = 0$$

und damit Reflexe, allerdings nur an den Sauerstoffatomen.

Neutronenbeschuss von Aluminium

Ein Aluminium-Einkristall wird mit Neutronen beschossen, die eine maximale Energie von 15 meV – und weniger – besitzen. (Aluminium besitzt fcc-Struktur, der Abstand zwischen nächsten Nachbarn beträgt 0,28 nm). Der Neutronenstrahl falle entlang der (100)-Richtung auf das Metall.
a) An welchen Ebenen sind in diesem Versuch Reflexe zu erwarten? Finden Sie heraus, unter welchem Winkel es Reflexe im Laue-Diagramm gibt und wieviele Reflexe zum gleichen Streuwinkel gehören.
b) In einem zweiten Versuchsteil wird die maximale Energie der Neutronen auf 12 meV reduziert – wie muß der Kristall orientiert werden, damit die höchste Intensität der gestreuten Strahlung gemessen werden kann?

Lösung:

a) Zunächst müssen wir die minimale Wellenlänge der Neutronenstrahlen berechnen. Dazu nutzen wir die bereits angesprochene De-Broglie-Beziehung $\lambda = h/p$ mit

$$p = \sqrt{2mE}$$

aus. Mit der angegebenen maximalen Energie E_{max} erhalten wir die zugehörige minimale Wellenlänge zu

$$\lambda_{min} = \frac{h}{p} = \frac{h}{\sqrt{2mE_{max}}} = 0{,}2337 \text{ nm} \, .$$

In einem zweiten Schritt müssen wir die Strukturamplitude heranziehen, um eine gewisse Vorauswahl aus den Millerschen Indizes zu bekommen. Dazu nutzen wir aus, dass wir es hier mit einem fcc-Gitter mit einer vieratomigen Basis zu tun haben, wobei die Koordinaten der Basisatome (0,0,0), (1/2,1/2,0), (1/2,0,1/2) und (0,1/2,1/2) sind.

Diese Koordinaten setzen wir in die bekannte Formel für die Strukturamplitude ein, womit wir erhalten:

$$F_{hkl} = f\left(1 + e^{-i\pi(h+k)} + e^{-i\pi(k+l)} + e^{-i\pi(h+l)}\right).$$

Damit diese nicht Null wird, müssen die Indizes h,k,l alle gerade oder alle ungerade sein.

Zur Ermittlung der Gitterkonstanten, die wir später brauchen, betrachten wir das fcc-Gitter (s. Bild 1.17) mit dem bekannten Netzebenenabstand (= Abstand zwischen nächsten Nachbarn) d:

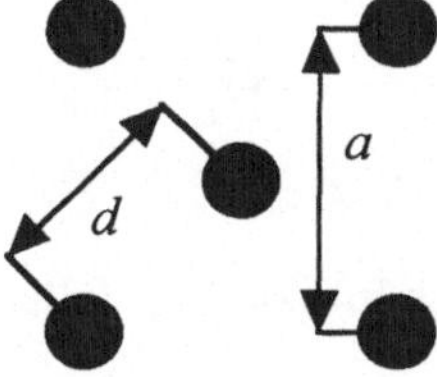

Bild 1.17: Zusammenhang zwischen Abstand nächster Nachbarn d und Gitterkonstanten a beim fcc-Gitter

Wie aus der geometrischen Betrachtung folgt, ist die Gitterkonstante a gleich

$$a = \sqrt{2}d = 0{,}396 \text{ nm}.$$

(Der genaue Literaturwert liegt bei 0,404 nm).

Um Aussagen über das Streumuster machen zu können, nutzen wir die Bragg-Bedingung:

$$2d_{hkl} \sin\vartheta = \lambda$$

aus.

Einfachheitshalber und aufgrund der hohen Intensität betrachten wir nur die 1. Ordnung und verwenden die für einen kubischen Kristall gültige Beziehung zwischen Netzebenenabstand und Gitterkonstante

$$d_{hkl} = \frac{a}{\sqrt{h^2 + k^2 + l^2}}.$$

Da der Sinus des Winkels ϑ nur zwischen 0 und 1 liegen kann, ergibt sich die folgende Äquivalenzaussagenkette:

$$0 \leq \sin\vartheta \leq 1 \iff 0 \leq 2d_{hkl}\sin\vartheta \leq 2d_{hkl} \iff 0 \leq \lambda \leq 2d_{hkl}.$$

Also sind nur Wellenlängen zugelassen, die kleiner als der doppelte Netzebenenabstand sind (dies ist eine wichtige Forderung für die Strukturanalyse allgemein!).

Nun haben wir bereits festgestellt, dass eine nichtverschwindende Strukturamplitude nur für h,k,l alle gerade oder alle ungerade auftritt. Wir müssen deswegen zunächst alle möglichen Indexkombinationen mit h,k,l alle gerade bzw. ungerade (unter Berücksichtigung von $\lambda \le 2d$) betrachten und dazu die relevanten Netebenenabstände ausrechnen.

Wir erhalten daraus als die in diesem Versuchsteil für Streuung relevanten Netzebenen folgende vier:

h	k	l	$\sqrt{h^2 + k^2 + l^2}$	$2d_{hkl}[\text{nm}]$
1	1	1	$\sqrt{3}$	0,4665
2	0	0	2	0,404
2	2	0	$\sqrt{8}$	0,2857
3	1	1	$\sqrt{11}$	0,2436

Alle weiteren Ebenen mit höherer Indizierung fallen wegen der Bedingung $2d_{hkl} < \lambda_{\text{min}}$ aus der Betrachtung heraus.

Also kommen nur noch vier Netzebenen bei der Suche nach Reflexen in die engere Auswahl.

Nun fällt die Neutronenstrahlung auf eine bestimmte Netzebene unter einem bestimmten Winkel:

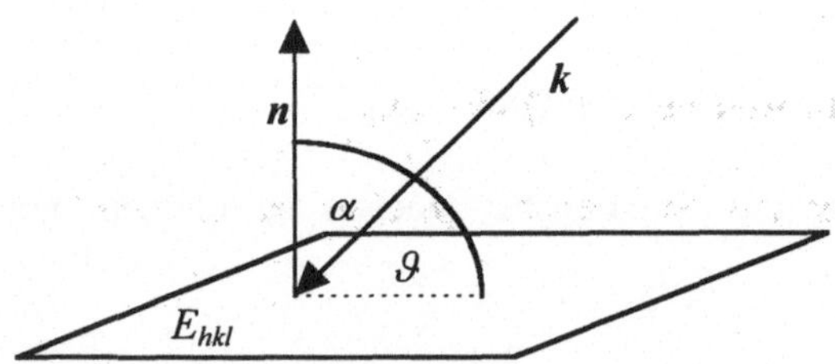

Bild 1.18: Netzebene mit Ebenennormalenvektor n und Wellenvektor k der einfallenden Strahlung

Um dann Reflexe zu erhalten, ist nach der Bragg-Bedingung eine bestimmte Wellenlänge erforderlich. Ob diese für diese vier Ebenen im Spektrum vorhanden ist, prüfen wir im Folgenden nach.

Zunächst suchen wir den Winkel ϑ, unter dem die Strahlung einfällt. Dazu nutzen wir aus, dass wir den Normalenvektor n der Ebene durch die Millerschen Indizes hkl und den Wellenvektor k der einfallenden Strahlung vektoriell ausdrücken können:

$$n = \begin{pmatrix} h \\ k \\ l \end{pmatrix}, \quad k = \frac{2\pi}{\lambda}\begin{pmatrix} 1 \\ 0 \\ 0 \end{pmatrix}.$$

Wie wir der Situation in Bild 1.18 entnehmen können, gilt $\cos\alpha = \sin\vartheta$. Mit dieser Gleichheit und mit der Definition des Skalarprodukts,

$$n \cdot k = |n| \cdot |k| \cdot \cos\alpha \,,$$

erhalten wir

$$\sin\vartheta = \frac{n \cdot k}{|n| \cdot |k|} = \frac{\begin{pmatrix} h \\ k \\ l \end{pmatrix} \cdot \frac{2\pi}{\lambda}\begin{pmatrix} 1 \\ 0 \\ 0 \end{pmatrix}}{\sqrt{h^2 + k^2 + l^2} \cdot \frac{2\pi}{\lambda}} = \frac{h}{\sqrt{h^2 + k^2 + l^2}}$$

und damit für den Winkel ϑ die Aussage

$$\vartheta = \arcsin\left(\frac{h}{\sqrt{h^2 + k^2 + l^2}}\right).$$

Den Winkel ϑ setzen wir in die Bragg-Bedingung ein und erhalten damit die für die jeweilige Netzebene relevante Neutronenwellenlänge, die Reflexe liefert (unter diesem festen Winkel):

(111):

$$\sin\vartheta = \frac{1}{\sqrt{3}} \quad \Rightarrow \quad \vartheta = 35{,}26° \quad \Rightarrow \quad \lambda = 0{,}269 \text{ nm}$$

Neutronenstrahlung dieser Wellenlänge ist in unserem Spektrum vorhanden, so dass wir also an der (111)-Ebene Reflexe erhalten. Wegen Symmetrie erhalten wir hier auch Interferenz für die Ebenen $(\bar{1}11)$, $(1\bar{1}1)$ und $(11\bar{1})$.

(200):

$$\sin\vartheta = \frac{2}{2} = 1 \quad \Rightarrow \quad \vartheta = 90° \quad \Rightarrow \quad \lambda = 0{,}404 \text{ nm}$$

Diese Wellenlänge ist ebenfalls vorhanden, also bekommen wir auch hier Reflexe. Wegen Symmetrie tragen hier auch Reflexe von $(\bar{2}00)$, (020), $(0\bar{2}0)$, (002) und $(00\bar{2})$ bei.

(220):

$$\sin\vartheta = \frac{2}{\sqrt{8}} \quad \Rightarrow \quad \vartheta = 45° \quad \Rightarrow \quad \lambda = 0{,}202 \text{ nm}$$

Diese Wellenlänge ist kleiner als die kleinste Wellenlänge unseres Neutronenspektrums. Also gibt es an dieser Ebene keine Reflexe.

(311):

$$\sin \vartheta = \frac{3}{\sqrt{11}} \quad \Rightarrow \quad \vartheta = 64{,}76° \quad \Rightarrow \quad \lambda = 0{,}220 \text{ nm}$$

Auch diese Wellenlänge ist, da kleiner als die minimale Neutronenwellenlänge, nicht im Spektrum vorhanden, deshalb gibt es auch hier keine Reflexe zu beobachten.

b) Bei einer Energie von 12 meV erhalten wir als Grenzwellenlänge 0,2613 nm. Wie oben errechnen sich nun die neuen Winkel zu $\vartheta_{111}(12 \text{ meV}) = 34{,}06°$ (dies sind 4° mehr als bei 15 meV) und zu $\vartheta_{200}(12 \text{ meV}) = 40{,}3°$ (hier müsste der Kristall also um 4,9°) weitergedreht werden.

Debye-Scherrer-Untersuchungen

a) In einer Debye-Scherrer-Kammer befindet sich eine Wolfram-Probe, die mit Röntgenstrahlung beschossen wird. Unter welchen Streuwinkeln sind Reflexe zu erwarten? (Wolfram hat bcc-Gitter, $\rho = 19{,}25 \text{ g/cm}^3$, $A = 184$ u; die Wellenlänge der Röntgenstrahlung beträgt $\lambda = 0{,}1$ nm)
b) In einem zweiten Versuchsgang wird eine unbekannte Probe in die Debye-Scherrer-Kammer eingebracht (Wellenlänge von 0,12 nm auf einem Filmzylinder mit $D = 57{,}3$ mm Durchmesser). Der Film weist ein Ringsystem auf, wobei die Reflexe folgende Durchmesser d in mm haben: 9,8; 14; 17,2; 19,9; 22,4; 24,7; 28,8; 30,7; 32,4; 34,4; 36,2; 37,9; 43,0. Welche Gitterkonstante hat das Material? Nehmen Sie zunächst ein kubisch primitives Gitter an – welche Reflexe bleiben noch übrig, wenn man ein fcc-Gitter voraussetzt?
c) Bei einem dritten Versuchsgang wird versehentlich die Wasserkühlung für die Röntgenröhre nicht eingeschaltet. Da keine Ersatzsicherung vorhanden ist, wird eine andere Röntgenröhre herangezogen, bei der mit einer automatischen Aufzeichnung die gemessenen Intensitäten über dem Streuwinkel aufgetragen werden können. Zu spät bemerken die Praktikanten, dass das Datenblatt für die andere Röhre nicht mehr vorhanden ist.
Sicherheitshalber werden daher zu den Diagrammen noch die angezeigten Streuwinkel 2ϑ notiert. Zunächst wurde für KCl ein Diagramm aufgenommen – von KCl ist bekannt, dass es kubische Struktur und eine Gitterkonstante von 0,3147 nm besitzt. Dann wird auch $BaTiO_3$, für das die Gitterkonstante zu bestimmen ist, gemessen. Durch Voruntersuchungen ist bereits bekannt, dass auch hier kubische Struktur vorliegt.
Für KCl wurde das Röntgen-Pulverdiagramm in Bild 1.19 aufgenommen mit den genauen Winkeln $2\vartheta = 28{,}3°$, 40,5°, 50,0°, 58,3°, 66,6° und 73,3°:
Für das $BaTiO_3$ wurde das Röntgen-Pulverdiagramm in Bild 1.20 aufgenommen mit den genauen Winkeln $2\vartheta = 22{,}0°$, 31,5°, 38,9°, 45,1°, 50,9° und 56,4°.
Wie groß ist die Gitterkonstante von $BaTiO_3$?

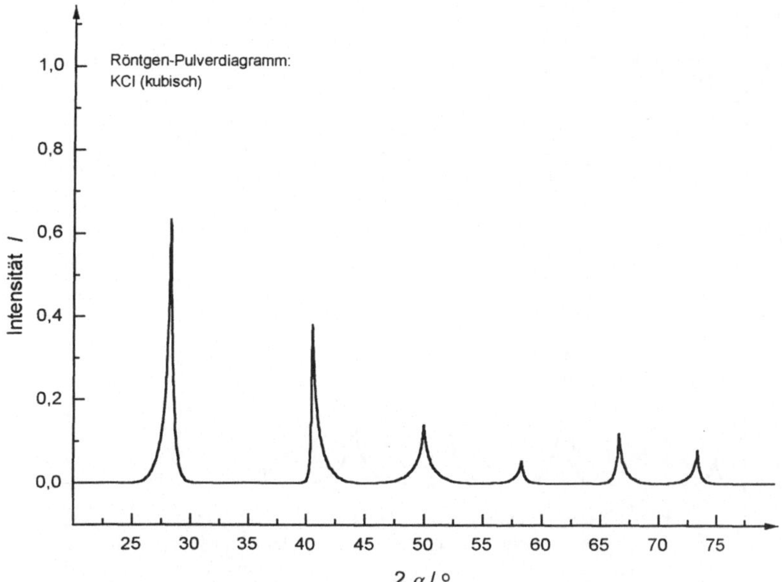

Bild 1.19: Intensitäts-Streuwinkel-Diagramm von KCl

Lösung:

Aus der Vielfalt der möglichen Indexkombinationen sortieren wir zunächst über die Betrachtung der Strukturamplitude die daraus folgenden heraus.

Dazu betrachten wir das bcc-Gitter als kubisch primitives Gitter, das eine zweiatomige Basis besitzt, wobei die Koordinaten der Basisatome bei (0,0,0) und (1/2,1/2,1/2) liegen.

Also wird

$$F_{hkl} = f\left(1 + e^{i\pi(h+k+l)}\right).$$

$F_{hkl} = 2f$ ist also dann erfüllt (d.h., es gibt Reflexe), wenn $h + k + l$ gerade ist.

Mit der Bragg-Bedingung und der Netzebenen-Gitterkonstanten-Beziehung für kubische Gitter kommen wir zur Winkelaussage

$$\sin\vartheta = \frac{\lambda}{2a}\sqrt{h^2 + k^2 + l^2} \ .$$

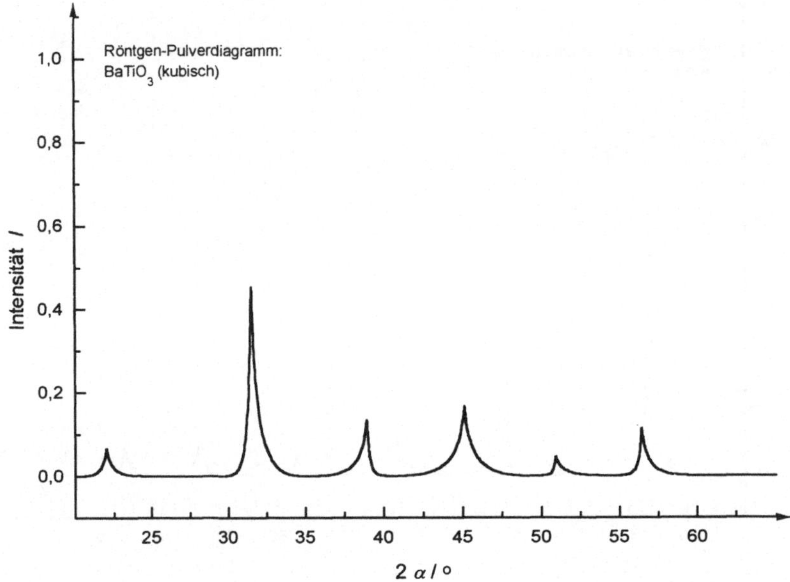

Bild 1.20: Intensitäts-Streuwinkel-Diagramm von BaTiO$_3$

Man beachte hier, dass ϑ der Glanzwinkel ist, bei einer Debye-Scherrer-Aufnahme aber der Streuwinkel $\varphi = 2\vartheta$ anzugeben ist. Zur genaueren Darstellung betrachten wir dazu von oben eine Debye-Scherrer-Aufnahmekammer:

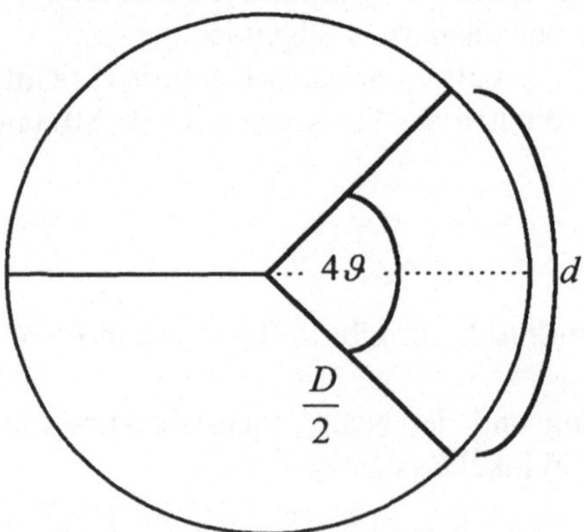

Bild 1.21: Aufsicht auf eine Debye-Scherrer-Kammer

Für die Ermittlung der Gitterkonstanten nutzen wir aus, dass zwei Atome pro nicht-primitiver Elementarzelle sitzen, also berechnen wir über die Dichte

$$\rho = 2\frac{m_{\text{Atom}}}{V_{\text{Atom}}} = 2\frac{A}{N_{\text{A}} \cdot a^3}$$

die Gitterkonstante zu

$$a = \sqrt[3]{\frac{2A}{N_{\text{A}} \cdot \rho}} = 0{,}3166 \text{ nm}$$

Über folgende Tabelle errechnen wir schließlich die gesuchten Streuwinkel:

h	k	l	$h^2+k^2+l^2$	ϑ [°]	φ [°]
1	1	0	2	12,9	25,8
2	0	0	4	18,4	36,8
2	1	1	6	22,8	45,6
2	2	0	8	26,6	53,2
3	1	0	10	30	60,0
2	2	2	12	33,2	66,4

b) Für diesen Aufgabenteil liegt die Skizze aus Bild 1.21 zugrunde.

Über die Beziehungen

$$360° \mathrel{\hat{=}} 2\pi\frac{D}{2}$$

und

$$4\vartheta \mathrel{\hat{=}} d$$

können wir den Glanzwinkel berechnen zu

$$\vartheta = \frac{360° \cdot 2}{2\pi D \cdot 4} \cdot d = \frac{180°}{2\pi D} \cdot d \,[°] = \frac{d}{2D} \,[\text{rad}].$$

Über den Glanzwinkel kommen wir nach Bragg zur Aussage über die Größe des Netzebenenabstandes.

Wenn wir dann noch annehmen (der Einfachheit halber), es handele sich um ein kubisch primitives Gitter, können wir über

$$a = d_{hkl}\sqrt{h^2 + k^2 + l^2}$$

die Gitterkonstanten ermitteln.

Wir erhalten damit als Auswertungstabelle

d [mm]	ϑ [rad]	d_{hkl}[Å]	h	k	l	a[nm]
9,8	0,0855	7,025	1	0	0	0,7025
14	0,1222	4,924	1	1	0	0,6963
17,2	0,1501	4,013	1	1	1	0,6950
19,9	0,1737	3,473	2	0	0	0,6945
22,4	0,1955	3,089	2	1	0	0,6908
24,7	0,2155	2,806	2	1	1	0,6872
28,8	0,2513	2,413	2	2	0	0,6824
30,7	0,2679	2,267	3	0	0	0,6800
32,4	0,2827	2,151	3	1	0	0,6801
34,4	0,3002	2,030	3	1	1	0,6730
36,2	0,3159	1,931	2	2	2	0,6691
37,9	0,3307	1,848	3	2	0	0,6662
43,0	0,3750	1,637	3	2	1	0,6126

Wenn ein fcc-Gitter vorliegt, erhalten wir nur Reflexe für *hkl* alle gerade oder alle ungerade, also bleiben als mögliche Ebenen nur (111), (200), (220), (311) und (222) übrig.

c) Da es sich in beiden Fällen um kubische Gitter handelt, gibt es keine Bedingungen an die Indizes *hkl*, so dass die gemessenen Intensitätsspitzen jeweils (von links nach rechts) zu den Ebenen 100, 110, 111, 200, 210 und 211 gehören.

Aus der ersten Messung kann die Wellenlänge der Röntgenröhre bestimmt werden. Mit der bekannten Gitterkonstante $a_{KCl} = 0,3147$ nm und der von oben abgeleiteten Beziehung

$$\lambda = \frac{2 \cdot a \cdot \sin\vartheta}{\sqrt{h^2 + k^2 + l^2}}$$

ergibt sich folgende Tabelle:

h	k	l	$h^2+k^2+l^2$	ϑ [°]	λ [nm]
1	0	0	1	14,15	0,1539
1	1	0	2	20,25	0,1540
1	1	1	3	25	0,1536
2	0	0	4	29,15	0,1533
2	1	0	5	33,3	0,1545
2	1	1	6	36,65	0,1534

Also liegt Röntgenstrahlung der Wellenlänge

$$\overline{\lambda} = 0,1538 \text{ nm}$$

vor.

Damit können wir die Gitterkonstante des Kristalls $BaTiO_3$ berechnen. Mit

$$a = \frac{\overline{\lambda}}{2 \cdot \sin\vartheta}\sqrt{h^2 + k^2 + l^2}$$

ergibt sich als Auswertungstabelle:

h	k	l	$h^2+k^2+l^2$	ϑ [°]	λ [nm]
1	0	0	1	11	0,4030
1	1	0	2	15,75	0,4007
1	1	1	3	19,45	0,4000
2	0	0	4	22,55	0,4011
2	1	0	5	25,45	0,4001
2	1	1	6	28,2	0,3986

und damit eine Gitterkonstante von

$$\overline{a} = 0,4006 \text{ nm}.$$

Ewald-Konstruktion

Die Ewald-Konstruktion ist eine geometrisch anschauliche Methode, sich die Streuung von gestreuter Strahlung an Kristallen zu visualisieren. Im folgenden setzen wir einen Kristall mit sc-Gitter der Gitterkonstante $a = 0,6283$ nm voraus. Er wird mit Strahlung der Wellenlänge $\lambda = 0,1256$ nm, die in [100]-Richtung einfällt, beschossen. In Richtung der (001)-Ebene gestreute Strahlung wird detektiert.

Zu zeichnen ist die für diesen Fall relevante Ebene des reziproken Gitters. Mit Hilfe der Ewald-Konstruktion sind die Richtungen, in denen man Reflexe findet, zu bestimmen. Was passiert mit den Reflexen, wenn man die Wellenlänge verändert?

Lösung:

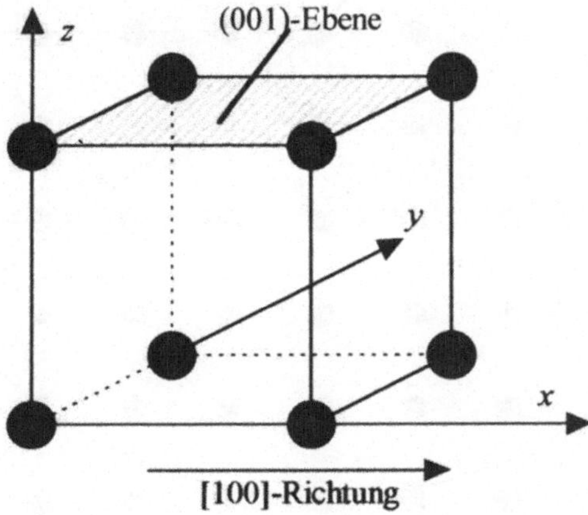

Bild 1.22: Aufsicht auf die sc-Kristallzelle, die mit Strahlung untersucht wird

In Bild 1.22 ist die Problematik anschaulich übertragen. Dabei stellt die (001)-Ebene ein quadratisches Gitter mit den primitiven Translationsvektoren

$$a_1 = a \begin{pmatrix} 1 \\ 0 \end{pmatrix} \quad \text{und} \quad a_2 = a \begin{pmatrix} 0 \\ 1 \end{pmatrix}.$$

dar. Die Vektoren des reziproken Gitters lauten analog

$$g_1 = \frac{2\pi}{a} \begin{pmatrix} 1 \\ 0 \end{pmatrix} \quad \text{und} \quad g_2 = \frac{2\pi}{a} \begin{pmatrix} 0 \\ 1 \end{pmatrix}$$

mit

$$\frac{2\pi}{a} = \frac{10}{\text{mm}} = |g_1| = |g_2| \quad \text{und} \quad |k_0| = \frac{2\pi}{\lambda} = \frac{50}{\text{mm}}.$$

Damit kann man eine Ewald-Konstruktion nach Bild 1.23 ausführen.

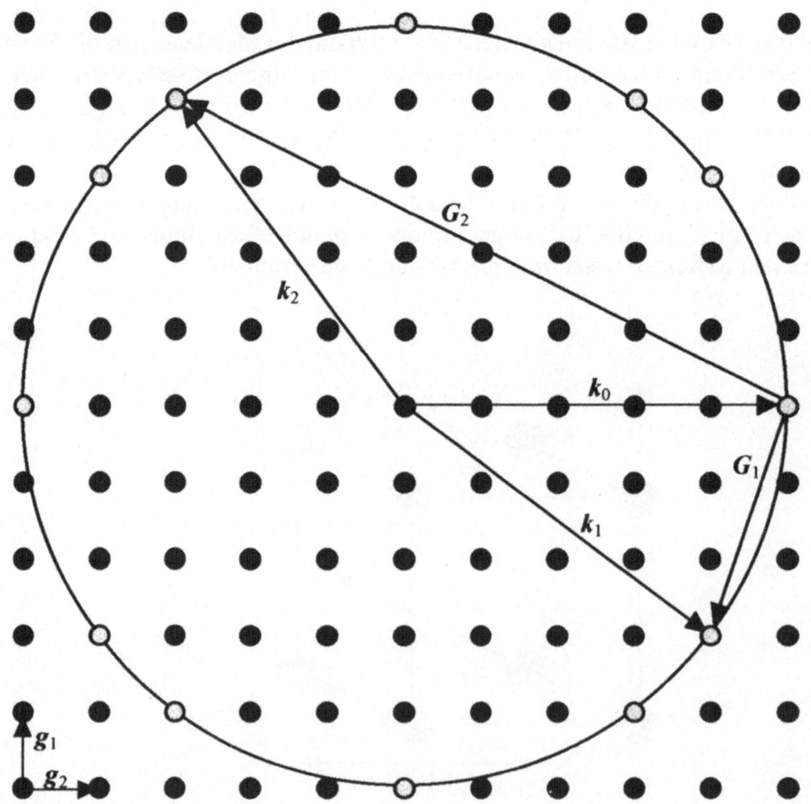

Bild 1.23: Ewald-Konstruktion

In den grau markierten Gitterpunkten (die die Ewaldkugel schneidet) ist je ein Reflex zu erwarten. Allgemein gilt, dass ein Reflex auftritt, wenn

$$k_i - k_0 = G_i \, .$$

Zwei der möglichen von k_0 verschiedenen 11 übrigen Wellenvektoren $\{k_i\}_{i=1,\dots,11}$ sind samt zugehöriger Gittervektoren in Bild 1.23 exemplarisch eingetragen.

Verändert man die Wellenlänge, so ändert sich k_0 und damit der Radius des Ewald-Kreises (bzw. im dreidimensionalen Fall der Radius der Ewald-Kugel). Reflexe treten dann unter anderen Richtungen auf oder verschwinden, immer abhängig davon, wo die neue Ewald-Konstruktion die reziproken Gitterpunkte trifft.

1.3 Bindungsverhältnisse

Lennard-Jones-Potential

Die beiden Edelgase Krypton und Xenon, beide haben fcc-Struktur, wurden experimentell untersucht.
a) Bei Krypton wurden in der Nähe von $T = 0$ K die Parameter $\sigma = 0{,}365$ nm und $\varepsilon = 2{,}25 \cdot 10^{-21}$ J nach Lennard-Jones gemessen.
   Wie groß sind die Gitterkonstante und die Bindungsenergie pro Atom?
b) Die Gitterenergie bei Xenon beträgt $E = 16{,}0$ kJ/mol und der Abstand zwischen nächsten Nachbarn ist $R_0 = 0{,}435$ nm.
   Wie sehen für Xenon die Parameter in der Potentialdarstellung nach Lennard-Jones aus?

Lösung:

Das Lennard-Jones-Potential folgt dem Ausdruck

$$U(r) = 4\varepsilon \left[\left(\frac{\sigma}{r} \right)^{12} - \left(\frac{\sigma}{r} \right)^{6} \right],$$

so dass sich für die Bindungsenergie des gesamten Kristalls mit N Atomen

$$U_{\text{ges}} = \frac{1}{2} N 4\varepsilon \left[\sum_j \left(\frac{\sigma}{p_{ij} R} \right)^{12} - \sum_j \left(\frac{\sigma}{p_{ij} R} \right)^{6} \right]$$

ergibt, wobei mit $p_{ij}R = r_{ij}$ der Abstand zwischen dem Bezugsatom i und einem beliebigen anderen Atom j bezeichnet wird – ausgedrückt durch R, dem Abstand der nächsten Nachbarn.

Für die fcc-Struktur stehen als feste Faktoren

$$\sum_j \left(\frac{1}{p_{ij}}\right)^{12} = 12{,}13188 \quad \text{und} \quad \sum_j \left(\frac{1}{p_{ij}}\right)^{6} = 14{,}45392$$

fest.

Für den Gleichgewichtsabstand R_0, der der Gitterkonstanten entspricht, leiten wir die Gesamtenergie U_{ges} nach R an der Stelle R_0 ab; da dort die Energie einen Extremwert hat, muss die Ableitung Null sein:

$$\left.\frac{dU_{\text{ges}}}{dR}\right|_{R_0} = -2N\varepsilon\left[12 \cdot 12{,}13188\,\frac{\sigma^{12}}{R^{13}} - 6 \cdot 14{,}45392\,\frac{\sigma^{6}}{R^{7}}\right] \overset{!}{=} 0 \,.$$

Daraus ergibt sich der Gleichgewichtsabstand R_0 zu

$$R_0 = \sqrt[6]{\frac{12 \cdot 12{,}13188}{6 \cdot 14{,}45392}} \cdot \sigma \approx 1{,}09 \cdot \sigma = 0{,}398 \text{ nm} \,.$$

Das Verhältnis $\sigma/R_0 = 0{,}917$ setzen wir für die Bindungsenergie pro Atom ein und erhalten:

$$U_{\text{Atom}} = \frac{U_{\text{ges}}}{N} = -1{,}93 \cdot 10^{-20} \text{ J} = -0{,}1205 \text{ eV} \,.$$

b) Wie in Aufgabenteil a) berechnen wir U_{ges} und leiten die Gesamtenergie U_{ges} nach R an der Stelle R_0 ab – und setzen die Ableitung Null.

Die Klammer muss also Null sein, daraus leitet man direkt den Parameter σ ab zu

$$\sigma = \sqrt[6]{\frac{14{,}45392}{2 \cdot 12{,}13188}} \cdot \left(0{,}435 \cdot 10^{-9} \text{ m}\right) \approx 3{,}99 \cdot 10^{-10} \text{ m} \,.$$

Die Gesamtenergie beim Gleichgewichtsabstand ist nach obiger Formel gerade

$$U_{\text{ges}}(R_0) = 2N\varepsilon\left[\sum_j \left(\frac{\sigma}{p_{ij}R_0}\right)^{12} - \sum_j \left(\frac{\sigma}{p_{ij}R_0}\right)^{6}\right] = 16{,}0 \cdot 10^{3} \,\frac{\text{J}}{\text{mol}} \,,$$

so dass wir mit den bekannten Werten (und $N = N_{\text{A}}$) hieraus ε berechnen können zu

$$\varepsilon = -3{,}086 \cdot 10^{-21} \text{ J} \,.$$

Madelungkonstante zwei- und dreidimensionaler Gitter

Die Madelungkonstante eines Kristalls ist eine physikalische Größe, die für die Bindungsenergie bestimmend ist – sie ist abhängig von der Struktur des Gitters und liegt heute sehr
exakt bestimmt vor. Dennoch bietet sie nach wie vor Anlass, sich die geometrischen Verhältnisse in einem Kristall zu veranschaulichen.

Daher soll zunächst die Madelungkonstante eines ebenen quadratischen Kristallgitters
bestimmt werden (geschickterweise legt man dazu Quadrate um einen Gitterbaustein, die
durch die Mitten der Nachbaratome gehen; diese werden dann jeweils *anteilsmäßig* zusammengefasst).

Mit eben diesem Verfahren sind dann die ersten beiden Näherungswerte (für die nächsten und die übernächsten Nachbarn) der Madelungkonstante für einen kubisch flächenzentrierten Kristall zu berechnen.

Lösung:

Bild 1.24 gibt die relativen Abstände (in Vielfachen der Gitterkonstante) und die herr-
schenden Ladungsverhältnisse bezüglich dem (negativen) Ion im Zentrum, für das die
Madelungkonstante berechnet wird, an; der Übersichtlichkeit wegen wurde nur jeweils ein
Quadrant mit den entsprechenden Ladungsvorzeichen und Abstandswerten versehen; aus
Symmetriegründen ergeben sich die anderen analog:

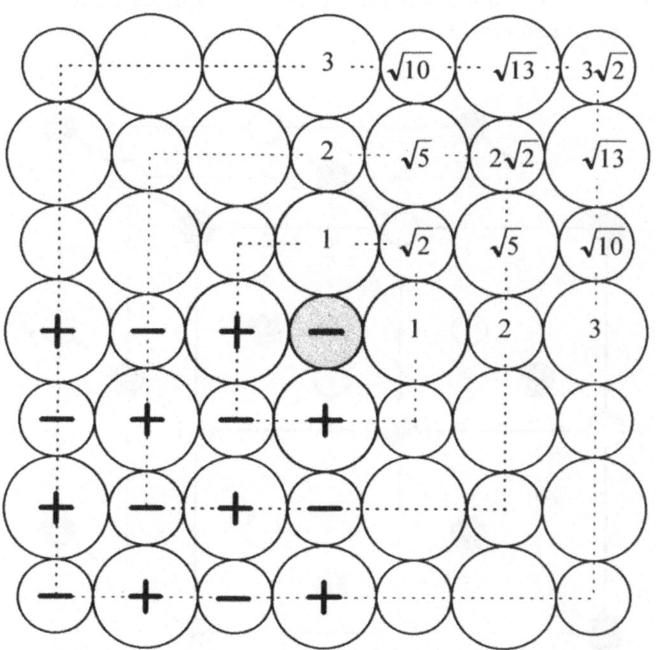

Bild 1.24: Zweidimensionales Kristallgitter mit Ladungsverteilung und Abstandwerten

Berücksichtigt man in diesem zweidimensionalen Gitter nur die nächsten Nachbarn, so erhalten wir als ersten Näherungswert für die Madelungkonstante:

$$\alpha_1 = 4 \cdot \frac{1}{2} \cdot \frac{(+)}{1} + 4 \cdot \frac{1}{4} \cdot \frac{(-)}{\sqrt{2}} \approx 1{,}293\,.$$

Mit den übernächsten (bzw. den über-übernächsten Nachbarn) ergeben sich die Näherungswerte (man beachte, daß hierbei die näheren Nachbarn in die Betrachtung *ganz* eingehen) zu

$$\alpha_2 = 4 \cdot \frac{(+)}{1} + 4 \cdot \frac{(-)}{\sqrt{2}} + 4 \cdot \frac{1}{2} \cdot \frac{(-)}{2} + 4 \cdot \frac{1}{4} \cdot \frac{(-)}{2\sqrt{2}} + 8 \cdot \frac{1}{2} \cdot \frac{(+)}{\sqrt{5}} \approx 1{,}607$$

bzw. zu

$$\alpha_3 = 4 \cdot \frac{(+)}{1} + 4 \cdot \frac{(-)}{\sqrt{2}} + 4 \cdot \frac{(-)}{2} + 4 \cdot \frac{(-)}{2\sqrt{2}} + 8 \cdot \frac{(+)}{\sqrt{5}} +$$
$$+ 4 \cdot \frac{1}{2} \cdot \frac{(+)}{3} + 4 \cdot \frac{1}{4} \cdot \frac{(-)}{3\sqrt{2}} + 8 \cdot \frac{1}{2} \cdot \frac{(+)}{\sqrt{13}} + 8 \cdot \frac{1}{2} \cdot \frac{(-)}{\sqrt{10}}$$
$$\approx 1{,}611$$

Bei der Betrachtung eines dreidimensionalen Gitters bemühen wir wiederum mehrmals den Satz des Pythagoras, um die relativen Abstände in Einheiten der Gitterkonstante für die einzelnen Gitterplätze zu ermitteln.

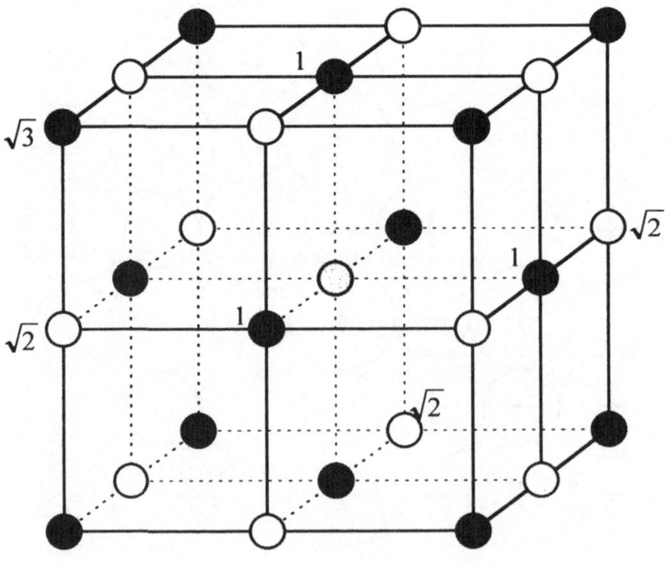

Bild 1.25: Dreidimensionales Gitter zur Ermittlung der Madelungkonstanten

Dabei legen wir als Bezugsion einen Eckpunkt einer Einheitszelle fest (in Bild 1.25 in der Mitte des großen Würfels – man stelle sich zur Berechnung die Ionen (schwarz positiv) als aneinanderstoßende Kugeln vor; auch hier sind aus Symmetriegründen nur einzelne Repräsentanten mit den relativen Abständen versehen).

Mittels der nächsten Nachbarn erhalten wir also als ersten Näherungswert für die Madelungkonstante im Dreidimensionalen:

$$\alpha_1 = 6 \cdot \frac{1}{2} \cdot \frac{(+)}{1} + 12 \cdot \frac{1}{4} \cdot \frac{(-)}{\sqrt{2}} + 8 \cdot \frac{1}{8} \cdot \frac{(+)}{\sqrt{3}} \approx 1{,}456 \, .$$

Den zweiten Näherungswert erhalten wir wiederum durch Einbeziehung weiterer Nachbarn; in Bild 1.26 wurde dabei nur eine Außenseite des interessierenden Würfels herausgegriffen, auch hier gelten entsprechende symmetrische Beziehungen:

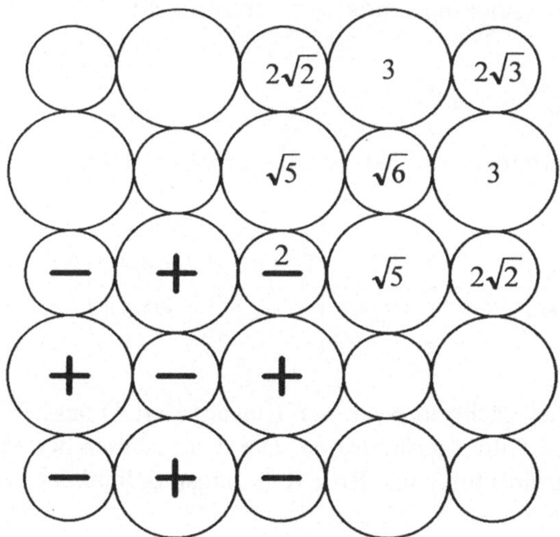

Bild 1.26: Außenseite eines dreidimensionalen Kristallgitters mit Ladungsverteilung und Abstandswerten zur Ermittlung der Madelungkonstanten

Mit Hilfe dieser Modellvorstellung folgt als zweiter Näherungswert für die gesuchte Madelungkonstante im dreidimensionalen Kristallgitter:

$$\alpha_2 = 6 \cdot \frac{(+)}{1} + 12 \cdot \frac{(-)}{\sqrt{2}} + 8 \cdot \frac{(+)}{\sqrt{3}} +$$

$$+ 8 \cdot \frac{1}{8} \cdot \frac{(-)}{2\sqrt{3}} + 24 \cdot \frac{1}{4} \cdot \frac{(+)}{3} + 12 \cdot \frac{1}{4} \cdot \frac{(-)}{2\sqrt{2}} + 24 \cdot \frac{1}{2} \cdot \frac{(+)}{\sqrt{5}} + 24 \cdot \frac{1}{2} \cdot \frac{(-)}{\sqrt{6}} + 6 \cdot \frac{1}{2} \cdot \frac{(-)}{2}$$

$$\approx 1{,}752$$

Dieser Wert kommt dem theoretischen Wert $\alpha_{fcc} = 1{,}7475$ schon sehr nahe.

Federmodell eines linearen Kristalls

Wenn man eine Stahlfeder zusammendrückt oder auseinanderzieht und dann loslässt, schnellt sie in die Ausgangs- oder Ruhelage zurück.

Ähnlich einer solchen Feder ist auch ein Kristall beschreibbar, dessen Gitterplätze eine bestimmte „Ruhelage" einnehmen, in die sie nach Auslenkung wieder zurückkehren – bedingt durch die Überlagerung eines anziehenden und eines abstoßenden Potentials.

In diesem Modell ist für eine Kette aus $2N$ Ionen mit abwechselnden Ladungen $+/-q$ und einem abstoßenden Potential A/r^n zwischen den nächsten Nachbarn nach einer Formel für den Gleichgewichtsabstand gesucht. Wie groß ist die Federkonstante für diesen linearen Kristall?

Lösung:

Das Potential zwischen einem Atom i und einem Atom j setzt sich aus dem abstoßenden Potential A/r^n und dem Coulombpotential zusammen nach:

$$U_{ij}(r) = \frac{A}{r^n} - \frac{q^2}{4\pi\varepsilon_0 r} \, .$$

Für N Ionen*paare* erhalten wir also ein Gesamtpotential von

$$U_{\text{tot}} = N\left(z \cdot \frac{A}{r^n} - \frac{q^2}{4\pi\varepsilon_0 R} \underbrace{\sum_{j=1}^{N} \frac{2(-1)^{j+1}}{p_{ij}}}_{\alpha} \right) = N\left(\frac{2A}{r^n} - \frac{\alpha q^2}{4\pi\varepsilon_0 R} \right) ,$$

wobei $z = 2$ die Zahl der nächsten Nachbarn (lineare Kette!) darstellt und R der Gleichgewichtsabstand (also die Gitterkonstante) ist. Die 2 im Zähler der Summe (die die Madelungkonstante α beschreibt) folgt aus den 2 Richtungsmöglichkeiten auf der Kette.

Die Madelungkonstante läßt sich mit der folgenden mathematischen Beziehung (und der Tatsache, daß wir durch die lineare Konfiguration hier nur ganzzahlige Vielfache der Gitterkonstante haben) ersetzen durch

$$\alpha = 2\left(1 - \frac{1}{2} + \frac{1}{3} - \frac{1}{4} + \frac{1}{5} - \ldots + \ldots \right) = 2\ln 2 \, .$$

Ist die Kette im Gleichgewichtszustand, so muss die erste Ableitung des Potentials nach dem Abstand (im Gleichgewicht) gleich Null sein, also gilt:

$$\left.\frac{dU}{dr}\right|_{r=R} = 0 = N\left(-\frac{2An}{R^{n+1}} + \frac{q^2 2\ln 2}{4\pi\varepsilon_0 R^2} \right) .$$

Der rechte Ausdruck ist dann Null, wenn die Klammer Null wird, daraus erhalten wir den Gleichgewichtsabstand R zu

$$R = {}^{n-1}\!\!\sqrt{\frac{An4\pi\varepsilon_0}{q^2\ln 2}}\,.$$

Aus dem Ansatz für die Spannenergie

$$U = D\frac{r^2}{2}$$

erhalten wir die Federkonstante D durch die 2. Ableitung von U nach r im Gleichgewicht:

$$D = \left.\frac{d^2 U}{dr^2}\right|_{r=R} = \frac{d}{dr}\,N\left(\frac{-2An}{R^{n+1}} + \frac{2q^2\ln 2}{4\pi\varepsilon_0 R^2}\right) = N\left(\frac{2An(n+1)}{R^{n+2}} - \frac{q^2\ln 2}{\pi\varepsilon_0 R^3}\right).$$

Hier wird R von oben eingesetzt.

Born-Mayer-Potential und Kompressionsmodul für Steinsalz

Für Natriumchlorid ($\alpha = 1{,}75$) wurde als Gleichgewichtsabstand der nächsten Nachbarn die Größe $R = 0{,}282$ nm gemessen. Die Bindungsenergie ergibt sich zu $E_{\text{bind}} = 7{,}92$ eV. Aus diesen Angaben sind die Materialkonstanten im Born-Mayer-Potential und der Kompressionsmodul für das Salz zu berechnen.

Lösung:

Für ein einzelnes Ion i im Born-Mayer-Potential gilt der Potentialansatz

$$U_i = \lambda e^{-\frac{R}{\rho}} \pm \frac{q^2}{p_{ij}r}\,,$$

wobei p_{ij} die relativen Abstände des j-ten zum i-ten Gitterplatz sind (ausgedrückt in Vielfachen der Gitterkonstanten).

Damit ergibt sich für das Gesamtpotential für N Ionenpaare zu

$$U_{\text{tot}} = N \cdot U_i = N\left(z\lambda e^{-\frac{R}{\rho}} - \frac{\alpha q^2}{4\pi\varepsilon_0 r}\right),$$

wobei $z = 6$ (Zahl der nächsten Nachbarn).

Im Gleichgewichtsabstand muss die erste Ableitung dieses Ausdrucks Null werden, so dass wir aus

$$\frac{dU_{\text{tot}}}{dr} = 0 = -\frac{Nz\lambda}{\rho}e^{-\frac{R}{\rho}} + \frac{N\alpha q^2}{4\pi\varepsilon_0 R^2}$$

die Beziehung

$$e^{-\frac{R}{\rho}} = \frac{\rho \alpha q^2}{4\pi\varepsilon_0 z \lambda R^2}$$

erhalten, die wir in die Gleichung für U_{tot} einsetzen – und berücksichtigen, dass

$$E_{\text{bind}} = \frac{U_{\text{tot}}}{N}$$

ist – woraus wir dann die Materialkonstante ρ zu

$$\rho = 0{,}0315 \text{ nm}$$

gewinnen können.

Mit diesem Wert für ρ erhalten wir über die letzte Gleichung die zweite Materialkonstante zu

$$\lambda = 1216{,}5 \text{ eV.}$$

Das Volumen ist mit dem Gleichgewichtsabstand R der N Bindungspartner verknüpft über

$$V = 2NR^3.$$

Mit der aus der Thermodynamik bekannten Beziehung für den Kompressionsmodul K erhalten wir

$$K = V\frac{\partial^2 U}{\partial V^2} = V\frac{\mathrm{d}^2 U}{\mathrm{d}R^2}\left(\frac{\mathrm{d}R}{\mathrm{d}V}\right)^2$$

$$= N\left(\frac{z\lambda}{\rho^2}e^{-\frac{R}{\rho}} - \frac{e^2}{2\pi\varepsilon_0 R^3}\alpha\right)\frac{2NR^3}{36N^2R^4} = \frac{1}{18R}\left(\frac{6\lambda}{\rho^2}e^{-\frac{R}{\rho}} - \frac{\alpha e^2}{2\pi\varepsilon_0 R^3}\right)$$

zu

$$K = 4{,}1 \cdot 10^{-11}\frac{\text{m}^2}{\text{N}}.$$

Temperaturabhängigkeit der Gitterkonstanten

Die Gitterkonstante ist nicht temperaturunabhängig; vielmehr zeigen genaue Messungen, dass bei steigender Temperatur auch die Gitterkonstante wächst. Wie ist das mittels eines Potentialmodells erklärbar?

Lösung:

Im Grundzustand U_0 (bei der Temperatur T_0) schwingen die Atome bzw. Ionen um ihre Ruhelage r_0, die dem Minimum der Potentialkurve entspricht.

Das Potentialminimum ist aber nicht der tiefste theoretische Energiewert, denn die atomaren Oszillatoren haben eine sogenannte „Nullpunktsenergie" (Bild 1.27). Da das Potential in diesem Bereich näherungsweise harmonisch ist, ist der mittlere Abstand der Ionen etwa r_0.

Erhöht man nun die Temperatur des Festkörpers, so nehmen die Ionen Energie auf in Form von Schwingungsenergie und gelangen in den angeregten Zustand U_n. Hier ist das Potential nicht mehr harmonisch und der mittlere Abstand r' der Ionen wächst mit zunehmender Energie an (Bild 1.27) bis es zur Dissoziation kommt.

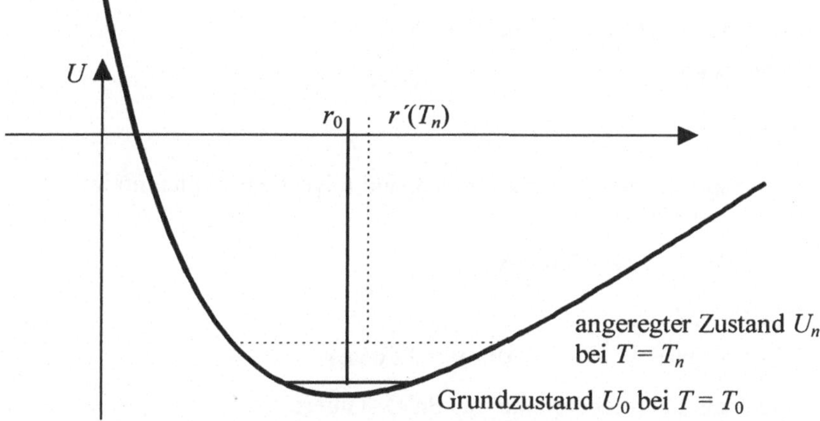

Bild 1.27: Zusammenhang der mittleren Ionenabstände mit dem Zwischenionenpotential

Bindungsformanalyse aus Energiebilanz

Aus Messungen an Barium wurde das 1. Ionisierungspotential von Barium zu 5,19 eV, das 2. Ionisierungspotential zu 9,96 eV ermittelt.

Messungen an Sauerstoff ergaben die Elektronenaffinitäten des ersten bzw. zweiten Elektrons, die zum neutralen bzw. einfach negativ geladenen Sauerstoffatom (bzw. -ion) zugefügt werden zu 1,5 eV und –9,0 eV.

Barium oxidiert nun zum Salz Bariumoxid, das die gleiche Kristallstruktur wie Kochsalz ($\alpha = 1{,}747$) besitzt, wie Kristalluntersuchungen ergeben haben, in denen zudem der Kernabstand zu $R = 0{,}276$ nm gemessen wurde.

Es bestehen nun 2 Möglichkeiten für das vorliegende Salz: Entweder es liegt in der Form Ba^+O^- oder in der Form $Ba^{2+}O^{2-}$ vor. Kann man mit Hilfe der obigen Daten jetzt schon Rückschlüsse auf die Verbindung ziehen?

Lösung:

Betrachten wir zunächst die Energien in Form der Madelungenergien, die *pro Ionenpaar* bei einer Verbindung von Barium und Sauerstoff frei werden:

$$U_M = -\frac{\alpha q^2}{4\pi\varepsilon_0 R}.$$

Die Madelungenergie für Ba^+O^- ($q^2 = e^2$) beträgt

$U_M = -9,114\ eV,$

die Madelungenergie für $Ba^{2+}O^{2-}$ ($q^2 = 4e^2$)

$U_M = -36,45\ eV$

pro Ionenpaar.

Um die entsprechenden Ionen zu bilden sind folgende Energien nötig:
Für $Ba+O \rightarrow Ba^++O^-$:

$U = 5,19\ eV - 1,5\ eV = 3,69\ eV,$

für $Ba+O \rightarrow Ba^{2+}+O^{2-}$:

$U = (5,19 + 9,96)\ eV - (1,5\ -9,0)\ eV = 22,65\ eV.$

Also bleibt als Energiebilanz für das Ba^+O^--Gitter:

$U = -9,114\ eV + 3,69\ eV = -5,424\ eV$

für das $Ba^{2+}O^{2-}$-Gitter:

$U = -36,45\ eV + 22,65\ eV = -13,8\ eV.$

Damit ist die gesuchte Bindungsform $Ba^{2+}O^{2-}$, weil sie stabiler (weil energieärmer) ist.

2 Gitterschwingungen

2.1 Dynamische Eigenschaften des Gitters

Dispersionsrelation für ein lineares Gitter verschiedener Massen

Wenn ein Kristall zum Schwingen angeregt wird, pflanzen sich in der Regel recht komplizierte Wellen im Kristallgitter fort. Man kann jedoch in einem einfachen Modell zunächst nur Wellen betrachten, die sich in Richtung der Symmetrieachsen des Kristalls ausbreiten, also z.B. rein longitudinal oder rein transversal polarisierte Wellen.

Dazu vereinfacht man auch die Voraussetzungen zur Dynamik des Gitters: Man betrachtet die Wechselwirkungen der (gleichen) Atome einer Ebene als vernachlässigbar und setzt eine reine Wechselwirkung der Ebenen, die mit *verschiedenen* Atomsorten besetzt sind, voraus. Bei einem Natriumchlorid-Kristall hätte man solche Ebenen etwa in der [111]-Richtung (s. Bild 2.1 links; rechts die Ebenen in einer anderen Ansicht).

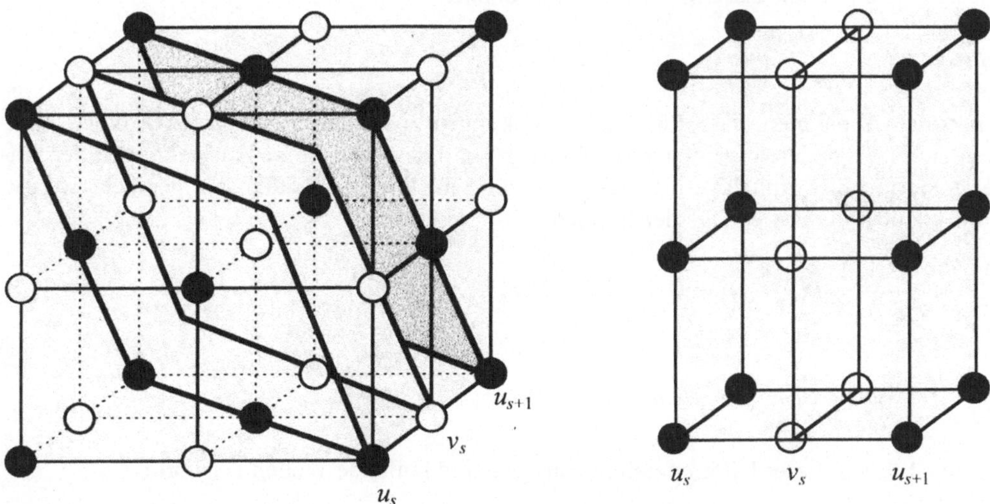

Bild 2.1: Kristall mit zweiatomiger Basis (z.B. Natriumchlorid), links sind Ebenen mit gleicher Atomsorte in [111]-Richtung zusammengefasst, rechts die Ebenen gleicher Sorte noch einmal in seitlicher Ansicht

Damit alle Atome einer Ebene gleichartig schwingen, kann man das Modell noch weiter vereinfachen, indem man diese Ebenen mit einem linearen Gitter identifizert (ein Atom der linearen Kette repräsentiert also eine ganze Ebene, s. Bild 2.2).

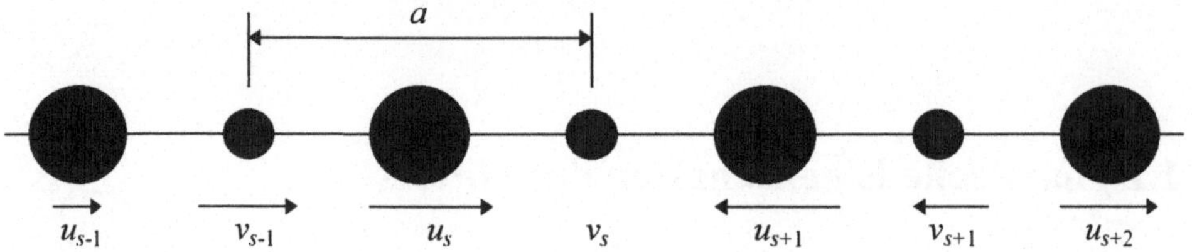

Bild 2.2: Auf eine lineare Kette reduziertes Kristallmodell aus Bild 2.1, eingetragen sind die Auslenkungen der jeweiligen Atome (d.h. Ebenen gleicher Atomsorte des Gitters)

Für dieses Modell der linearen Gitters, das abwechselnd aus Atomen der Massen M_1 und M_2 im Gleichgewichtsabstand $d = a/2$ besteht, das Spektrum der longitudinalen Phononen. Die Kraftkonstante zwischen zwei benachbarten Atomen sei D. Es sei für konkrete Werte außerdem $D/M_1 = 40/s^2$ und $D/M_2 = 20/s^2$.

Interpretieren Sie das Verhältnis der Schwingungsamplituden für $\lambda \gg a$ bezüglich der Schwingungsformen. Was lässt sich daraus für die Schwingungen eines Kristalls (mit einatomiger, zweiatomiger, ... Basis) folgern?

Wie verändert sich die Phononendispersion für die Massenverhältnisse $M_1/M_2 = 0$ (0,5; 1). Skizzieren Sie die Zustandsdichte der Phononen $D(\omega)$.

Lösung:

Unter den Annahmen, dass nur Wechselwirkungen zwischen benachbarten Atomen wirksam sind (alle anderen werden vernachlässigt) und dass nur kleine Auslenkungen der Gitteratome um ihre Ruhelage möglich sind (d.h. ein linearer Kraftansatz gemacht werden kann), lauten die Bewegungsgleichungen:

$$M_1 \frac{d^2 u_s}{dt^2} = D\left(v_s - u_s + v_{s-1} - u_s\right) = D\left(v_s + v_{s-1} - 2u_s\right)$$

$$M_2 \frac{d^2 v_s}{dt^2} = D\left(u_{s+1} - v_s + u_s - v_s\right) = D\left(u_{s+1} + u_s - 2v_s\right).$$

Die Lösung dieser Differenzialgleichungen sind laufende Wellen der Form

$$u_s = u \cdot e^{iska - i\omega t}$$

$$v_s = v \cdot e^{iska - i\omega t}.$$

Diese – eingesetzt in die Bewegungsgleichungen – ergeben das Gleichungssystem

$$\left(M_1\omega^2 - 2D\right)u + D\left(1 + e^{-ika}\right)v = 0$$

$$D\left(1 + e^{ika}\right)u + \left(M_2\omega^2 - 2D\right)v = 0\,.$$

Für u und v existieren nur dann nichttriviale Lösungen, wenn die Determinante dieses Gleichungssystems verschwindet, also

$$\begin{vmatrix} \left(M_1\omega^2 - 2D\right) & D\left(1 + e^{-ika}\right) \\ D\left(1 + e^{ika}\right) & \left(M_2\omega^2 - 2D\right) \end{vmatrix} = 0\,.$$

Diese Forderung führt über die aus der Determinanten gewonnenen Gleichung

$$M_1 M_2 \omega^4 - 2D\omega^2\left(M_1 + M_2\right) + 2D^2 - D^2\left(e^{ika} + e^{-ika}\right) = 0$$

und unter Benutzung der beiden trigonometrischen Beziehungen

$$e^{ika} + e^{-ika} = 2 \cdot \cos ka$$

und

$$1 - \cos ka = 2\sin^2\frac{k \cdot a}{2}$$

zu der Dispersionsrelation

$$\omega_\pm^2 = \frac{D\left(M_1 + M_2\right)}{M_1 M_2} \pm \sqrt{\frac{D^2\left(M_1 + M_2\right)^2}{M_1^2 M_2^2} - \frac{4D^2 \sin^2\frac{ka}{2}}{M_1 M_2}}\,.$$

Berechnen wir nun die Dispersionsrelation an ausgewählten Stellen zu

$$\omega_+\left(k = 0\right) = \sqrt{120} \approx 10{,}95\,\frac{1}{s}\,,$$

$$\omega_-\left(k = 0\right) = 0\,,$$

$$\omega_+\left(k = \pm\frac{\pi}{a}\right) = \sqrt{80} \approx 8{,}94\,\frac{1}{s}\,,$$

$$\omega_-\left(k = \pm\frac{\pi}{a}\right) = \sqrt{40} \approx 6{,}325\,\frac{1}{s}\,,$$

so können wir die Dispersionsrelation dieses linearen Problems folgendermaßen skizzieren:

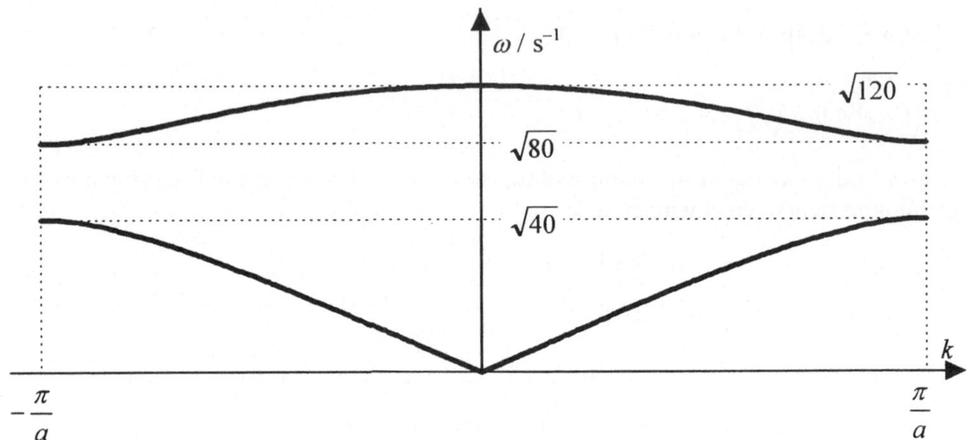

Bild 2.3:   Dispersionsrelation des linearen Gitters

Das Verhältnis der Schwingungsamplituden (siehe obiges Gleichungssystem)

$$\frac{u}{v} = -\frac{D\left(1 + e^{-ika}\right)}{\left(M_1\omega^2 - 2D\right)}$$

hat im Grenzfall hoher Wellenlängen (also für die geforderte Voraussetzung $\lambda \gg a$)

bei $\omega_+(0) = \sqrt{2D\,\dfrac{1}{M_1} + \dfrac{1}{M_2}}$ den Wert $\dfrac{u}{v} = -\dfrac{M_2}{M_1}$,

bei $\omega_-(0) = 0$ den Wert $\dfrac{u}{v} = 1$, also $u = v$.

Wie man aus diesem Vergleich der Schwingungsamplituden erkennt, schwingen bei ω_- die benachbarten Ebenen (auf denen – zur Erinnerung – verschiedene Atomsorten, bzw. Ionensorten (wie bei NaCl) sitzen) in Phase, bei ω_+ gegenphasig. Bei Ionenkristallen ändert sich daher in ω_+ das elektrische Dipolmoment – und damit das optische Verhalten des Kristalls, der bei diesem Schwingungszustand elektromagnetische Wellen absorbieren bzw. emittieren kann. Man nennt diesen Schwingungszustand daher auch den *optischen Ast*.

Entsprechend einer Schallwelle sind die Verhältnisse in ω_+; aus diesem Grund nennt man ω_- auch den *akustischen Ast*; hier wird zwar Energie durch den Kristall transportiert, jedoch können keine elektromagnetischen Strahlen absorbiert bzw. emittiert werden.

Wie in der Aufgabenstellung betont, kann man bei einer Kristallschwingung 3 Richtungen auszeichnen, zwei transversale und eine longitudinale, die jeweils einzeln am reduzierten Modell der linearen Kette modelliert werden können.

Ein Kristall aus einer einatomigen Basis kann daher durch drei Schwingungsmoden beschrieben werden, zwei transversale und eine longitudinale Schwingung, die jeweils akustische Äste ausbilden. Bei einem zweiatomigen Kristall kommt in jeder Polarisationsrichtung noch eine optische Möglichkeit hinzu, so dass hier ein longitudinal akustischer, ein longitudinal optischer, und zwei transversal optische und zwei transversal akustische Richtungen möglich sind.

Bei einem Kristall mit N Atomen in der Basis bilden sich insgesamt 3 akustische Zweige und $3N$–3 optische Zweige aus (ein longitudinal akustischer, zwei transversal akustische, N–1 longitudinal optische, $2N$–2 transversal optische).

Setzt man in die Dispersionsrelation das relative Massenverhältnis α ein mit

$$\alpha = \frac{M_1}{M_2}\,,$$

also $M_1 = \alpha M_2 =: \alpha M$,

so erhält man eine modifizierte Dispersionsrelation zu

$$\omega_\pm^2 = \frac{D}{M}\left[\frac{\alpha+1}{\alpha} \pm \sqrt{\left(\frac{\alpha+1}{\alpha}\right)^2 - \frac{4}{\alpha}\sin^2\frac{ka}{2}}\,\right].$$

Mit den „Randwerten"

$$\omega_+\left(k=0\right) = \begin{cases} \infty & \text{für } \alpha = 0 \\[2mm] \sqrt{\dfrac{6D}{M}} & \text{für } \alpha = 0,5\,, \\[2mm] \sqrt{\dfrac{4D}{M}} & \text{für } \alpha = 1 \end{cases}$$

$\omega_-\left(k=0\right) = 0$ für alle Werte α,

$$\omega_+\left(k=\pm\frac{\pi}{a}\right) = \begin{cases} \infty & \text{für } \alpha = 0 \\[2mm] \sqrt{\dfrac{4D}{M}} & \text{für } \alpha = 0,5\,, \\[2mm] \sqrt{\dfrac{2D}{M}} & \text{für } \alpha = 1 \end{cases}$$

$$\omega_-\left(k=\pm\frac{\pi}{a}\right) = \begin{cases} \infty & \text{für } \alpha = 0 \\[2mm] \sqrt{\dfrac{2D}{M}} & \text{für } \alpha = 0,5 \\[2mm] \sqrt{\dfrac{2D}{M}} & \text{für } \alpha = 1 \end{cases}$$

kann man die Dispersionsrelationen wie folgt skizzieren:

Für $\alpha = 0,5$:

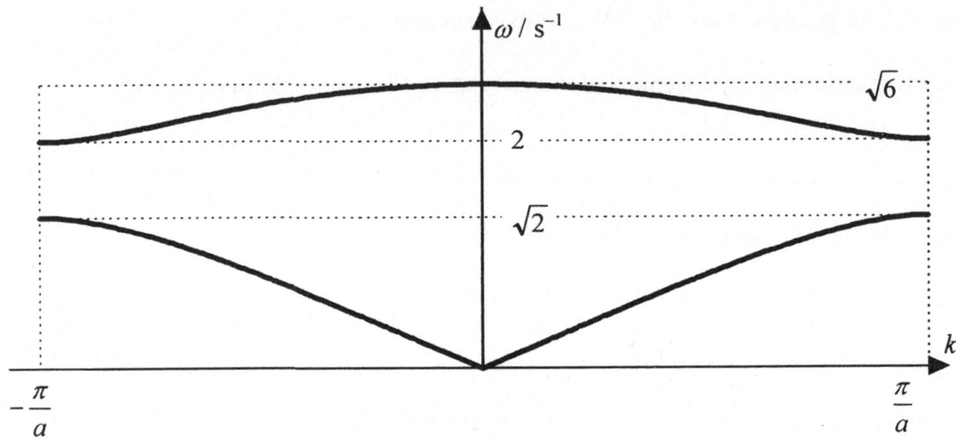

Bild 2.4:   Dispersionsrelation des linearen Gitters für das Massenverhältnis von 0,5

und für $\alpha = 1$:

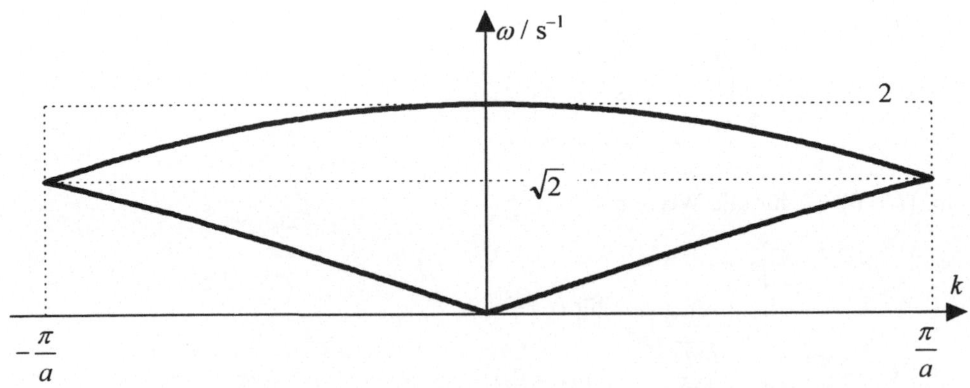

Bild 2.5:   Dispersionsrelation des linearen Gitters für das Massenverhältnis von 1

Die Zustandsdichte für ein lineares Gas ergibt sich damit zu

$$D(\omega) = \frac{L}{\pi} \frac{\mathrm{d}k}{\mathrm{d}\omega}.$$

Betrachtet man die obigen Dispersionsrelationskurven, so kann man für die speziellen Werte $\omega_+(k = 0)$ und $\omega_-(k = 0)$ sehen, dass (man beachte die Steigung der Kurven)

$$\frac{\mathrm{d}\omega}{\mathrm{d}k} = 0 \;\Rightarrow\; \frac{\mathrm{d}k}{\mathrm{d}\omega} = \infty \;\Rightarrow\; D(\omega) = \infty$$

wird. Für kleine k-Werte ist $\omega = \text{const}\cdot k$, also:

$$\frac{\mathrm{d}\omega}{\mathrm{d}k} = \text{const} \;\Rightarrow\; \frac{\mathrm{d}k}{\mathrm{d}\omega} = \frac{1}{\text{const}}$$

und damit

$$D(\omega) = \frac{L}{\pi} \cdot \frac{1}{\text{const}}\;.$$

Mittels dieser Überlegungen läßt sich die Zustandsdichte qualitativ folgendermaßen skizzieren:

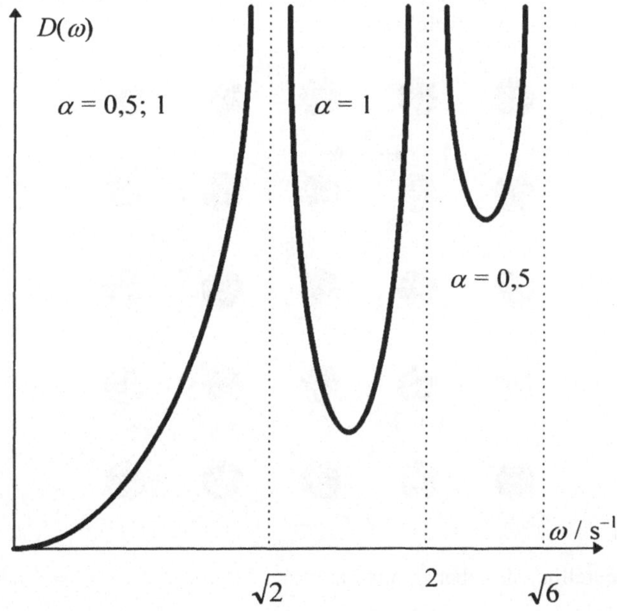

Bild 2.6:   Zustandsdichte des eindimensionalen Problems

Ebenes quadratisches Gitter

Als nächstkomplexeres Modell nach linearen Atomanordnungen kann man das ebene quadratische Gitter ansehen, dessen Gitterplätze von identischen Atomen besetzt wird. In einem einfachen Grundzustand sollen diese Gitterplätze besetzt sein durch Atome der Masse M, die durch die Kraftkonstante D zwischen nächsten Nachbarn in Wechselwirkung stehen.

a) Für dieses Problem soll zunächst die allgemeine Bewegungsgleichung aufgestellt werden.

b) Wie sieht die allgemeine Dispersionsrelation für dieses ebene Gitterproblem aus?

c) Weiterhin ist die Frequenz ω wie im linearen Fall als Funktion des Wellenvektors für $k = k_x$, $k_y = 0$ und für $k_x = k_y$ zu bestimmen und zu skizzieren.

d) Für $ka \ll 1$ gilt die Gleichung

$$\omega = \sqrt{\frac{Da^2}{M}\left(k_x^2 + k_y^2\right)} = \sqrt{\frac{Da^2}{M}}\,k \; .$$

Zeigen Sie dies.

Lösung:

Zunächst eine Skizze des Problems (auf Eintrag möglicher Verschiebevektoren sei hier aus Gründen der Übersichtlichkeit verzichtet):

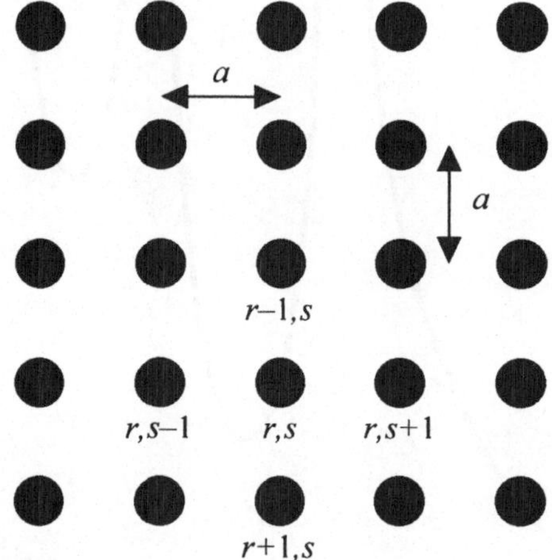

Bild 2.7:   Prinzipdarstellung des ebenen quadratischen Gitters

a) Die allgemeine Bewegungsgleichung lautet:

$$M\frac{\mathrm{d}^2 u_{r,s}}{\mathrm{d}t^2} = D\left(u_{r+1,s} + u_{r-1,s} + u_{r,s+1} + u_{r,s-1} - 4u_{r,s}\right),$$

wenn $u_{r,s}$ die Auslenkung des Gitteratoms der Reihe r und der Spalte s bezeichnet (s. Bild 2.7).

b) Wie im linearen Fall machen wir wieder den Ansatz laufender Wellen:

$$u_{r,s} = u_0 \cdot \mathrm{e}^{\mathrm{i}(rk_x a + sk_y a - \omega t)} \; .$$

Dies ergibt – eingesetzt in die Bewegungsgleichung und nach entsprechender Umrechnung wie in der Aufgabe zuvor – die Dispersionsrelation

$$\omega^2 = 2\frac{D}{M}\left[2 - \cos k_x a - \cos k_y a\right].$$

c) Für $k = k_x$ und $k_y = 0$ ergibt sich ω_1 zu

$$\omega_1 = \sqrt{2\frac{D}{M}(1 - \cos ka)}\,,$$

und für $k_x = k_y = k$ folgert man ω_2 zu

$$\omega_2 = \sqrt{4\frac{D}{M}(1 - \cos ka)}\,.$$

Zur Illustration dieser beiden Funktionen eine kleine Skizze:

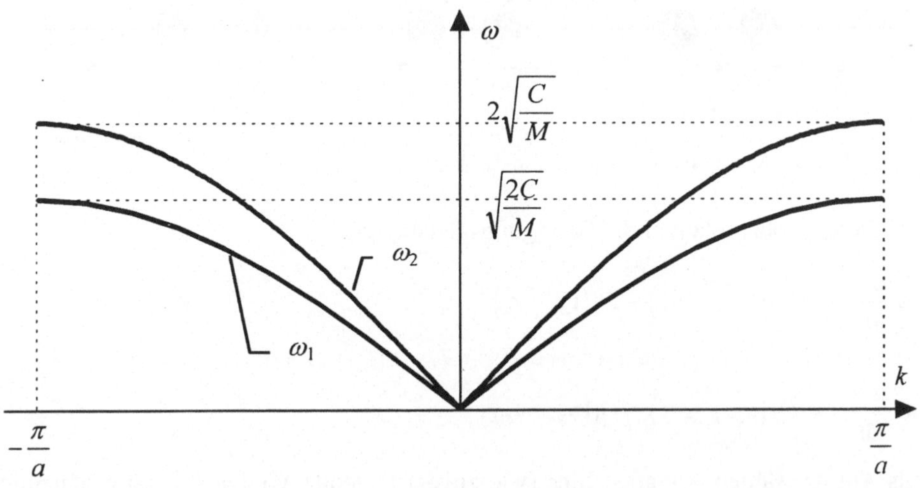

Bild 2.8: Dispersionsrelation eines ebenen quadratischen Gitters

d) Benutzen wir die Taylorentwicklung für die Cosinus-Funktion, nämlich

$$\cos x = 1 - \frac{x^2}{2!} + \ldots - \ldots\,,$$

die wir aufgrund des kleinen Arguments nach dem 2. Glied abbrechen können, und setzen diese in die allgemeine Dispersionrelation aus b) ein, so erhält man die gesuchte Beziehung sofort.

Phononenspektrum für lineares Gitter identischer Atome

Ein lineares Gitter der Gitterkonstanten a besitzt eine Basis, die aus 2 identischen Atomen der Masse M besteht. Diese beiden Atome sitzen im Gleichgewichtsabstand in einer Entfernung, die die halbe Gitterkonstante unterschreitet. Einfachheitshalber sitzen beide Basisatome auf der Gittergeraden. Die Kraftkonstante D_1 wirkt zwischen einem Atom der Basis und dem räumlich folgenden Atom der Nachbarbasis.

Wie sieht das Spektrum der longitudinalen akustischen und longitudinalen optischen Phononen aus, wenn $D_1/M = 50$ s^{-2}, $D_2/M = 25$ s^{-2}?

Lösung:

Skizze des Problems:

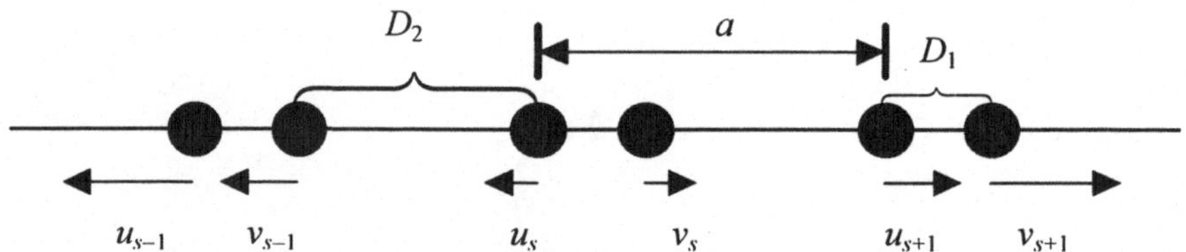

Bild 2.9:   Lineare Kette mit zwei Atomen in der Basis

Für dieses Problem lauten die Bewegungsgleichungen

$$M \frac{\mathrm{d}^2 u_s}{\mathrm{d}t^2} = D_2\left(v_{s-1} - u_s\right) + D_1\left(v_s - u_s\right)$$

$$M \frac{\mathrm{d}^2 v_s}{\mathrm{d}t^2} = D_2\left(u_{s+1} - v_s\right) + D_1\left(u_s - v_s\right).$$

Als Ansatz wählen wir auch hier (wie zuvor) laufende Wellen mit unterschiedlichen Amplituden für die verschiedenen Atome einer Basis:

$$u_s = u_0 \cdot \mathrm{e}^{-iska - i\omega t}$$

$$v_s = v_0 \cdot \mathrm{e}^{-iska - i\omega t} .$$

Diese setzen wir in die Bewegungsgleichungen ein und erhalten das Gleichungssystem

$$\left(\omega^2 M - \left(D_1 + D_2\right)\right)u_0 + \left(D_1 + D_2 \mathrm{e}^{ika}\right)v_0 = 0$$

$$\left(D_1 + D_2 \mathrm{e}^{-ika}\right)u_0 + \left(\omega^2 M - \left(D_1 + D_2\right)\right)v_0 = 0 .$$

Analog der vorigen Aufgaben setzen wir die Säkulardeterminante des Systems gleich Null, so dass

$$\omega^4 M^2 - 2(D_1 + D_2)\omega^2 M + 2D_1 D_2 - D_1 D_2 \left(e^{ika} + e^{-ika}\right) = 0 \, .$$

Mit den bekannten trigonometrischen Beziehungen ergibt sich schließlich eine Bestimmungsgleichung der Form

$$\omega^4 M^2 - 2(D_1 + D_2)\omega^2 M + 4 D_1 D_2 \sin^2 \frac{ka}{2} = 0$$

mit den Lösungen

$$\omega_\pm^2 = D \frac{D_1 + D_2}{M} \pm \sqrt{\frac{(D_1 + D_2)^2}{M^2} - \frac{4 D_1 D_2 \sin^2 \frac{ka}{2}}{M^2}} \, .$$

Mit den Werten an den Rändern der 1. Brillouinzone (unter Berücksichtigung der vorgeschlagenen Daten),

$$\omega_+ (k = 0) = \sqrt{150} \, \frac{1}{\mathrm{s}} \approx 12{,}25 \, \frac{1}{\mathrm{s}} \, ,$$

$$\omega_- (k = 0) = 0 \, ,$$

$$\omega_+ \left(k = \pm \frac{\pi}{a}\right) = \sqrt{100} \, \frac{1}{\mathrm{s}} = 10 \, \frac{1}{\mathrm{s}} \, ,$$

$$\omega_- \left(k = \pm \frac{\pi}{a}\right) = \sqrt{50} \, \frac{1}{\mathrm{s}} \approx 7{,}07 \frac{1}{\mathrm{s}} \, ,$$

ergibt sich ein ungefährer Kurvenverlauf von:

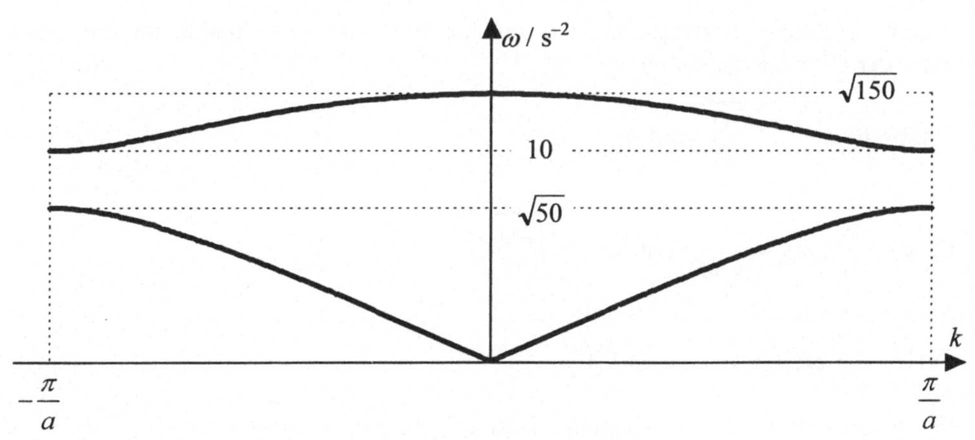

Bild 2.10: Dispersionsrelation für lineares Gitter identischer Atome

Lineare Ketten mit unterschiedlichen Massenverhältnissen

Nach entsprechenden Berechnungen hat sich als Dispersionsrelation für eine lineare Kette mit zwei Massen m und M folgender Ausdruck ergeben:

$$\omega^2 = D\left(\frac{1}{m}+\frac{1}{M}\right) \pm D\sqrt{\left(\frac{1}{m}+\frac{1}{M}\right)^2 - \frac{4}{mM}\sin^2 kd} \ .$$

Mit diesem Ergebnis soll nun die Dispersionsrelation $\omega(k)$ für die folgenden modifizierten linearen Ketten hergeleitet werden:
a) einatomige Kette ($m = M$, $a = d$)
b) zweiatomige Kette mit gleichen Massen ($m = M$, $a = 2d$)
c) zweiatomige Kette mit ungleichen Massen ($3m = M$, $a = 2d$).

Betrachten Sie jeweils einige k-Werte zwischen 0 und π/a und stellen Sie die Dispersionsrelation grafisch dar.

Eine weitere Annäherung an die kristalline Realität ist die Berücksichtigung einer Wechselwirkung zwischen übernächsten Nachbarn – dies ist im Modell dadurch zu realisieren, indem jeweils zwischen einem Atom und seine beiden übernächsten Nachbarn Federn mit der Federkonstante D' eingefügt werden.
d) Leiten Sie für diesen Fall die Dispersionsrelation her.
e) Zeichnen Sie die Dispersionskurve für $D' = D/2$.
f) Berechnen Sie für die Kette aus Aufgabenteil c) die Amplitudenverhältnisse A_m/A_M für die Werte $k = 0$ und $k = \pi/a$.

Lösung:

a) Als Dispersionsrelation ergibt sich in diesem Fall:

$$\omega^2 = \frac{2D}{M}\left(1 \pm \cos ka\right).$$

Damit berechnen wir an den Rändern und in der Mitte der Brillouinzone die Funktionswerte der Dispersionsrelation.

Für $k = 0$: $\omega_+ = 2\sqrt{\dfrac{D}{M}}$ und $\omega_- = 0$,

für $k = \dfrac{\pi}{2a}$: $\omega_+ = \sqrt{\dfrac{2D}{M}}$ und $\omega_- = \sqrt{\dfrac{2D}{M}}$,

für $k = \dfrac{\pi}{a}$: $\omega_+ = 0$ und $\omega_- = 2\sqrt{\dfrac{D}{M}}$.

Damit läßt sich die Dispersionsrelation wie in Bild 2.11 skizzieren:

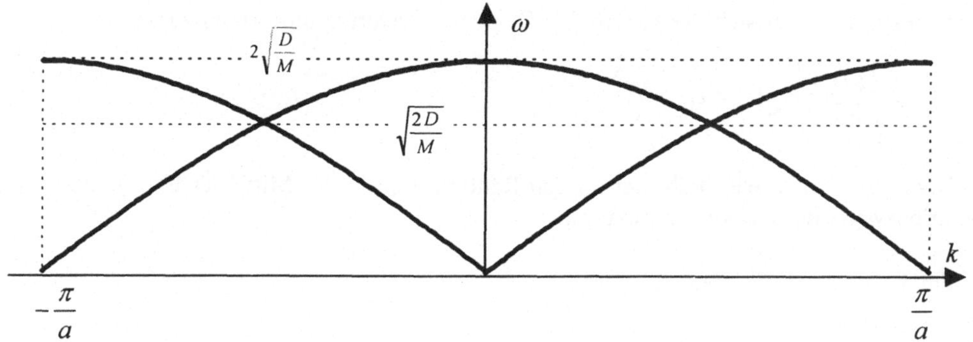

Bild 2.11: Dispersionrelation einer linearen einatomigen Kette

b) Hier erhält man eine Dispersionsrelation der Form

$$\omega^2 = \frac{2D}{M}\left(1 \pm \cos\frac{ka}{2}\right)$$

Damit berechnen wir an den Rändern und in der Mitte der Brillouinzone die Funktionswerte der Dispersionsrelation (s. Bild 2.12).

Für $k = 0$: $\omega_+ = 2\sqrt{\dfrac{D}{M}}$ und $\omega_- = 0$,

für $k = \dfrac{\pi}{2a}$: $\omega_+ = \sqrt{\dfrac{2D + \sqrt{2}D}{M}}$ und $\omega_- = \sqrt{\dfrac{2D - \sqrt{2}D}{M}}$,

für $k = \dfrac{\pi}{a}$: $\omega_+ = \omega_- = \sqrt{\dfrac{2D}{M}}$.

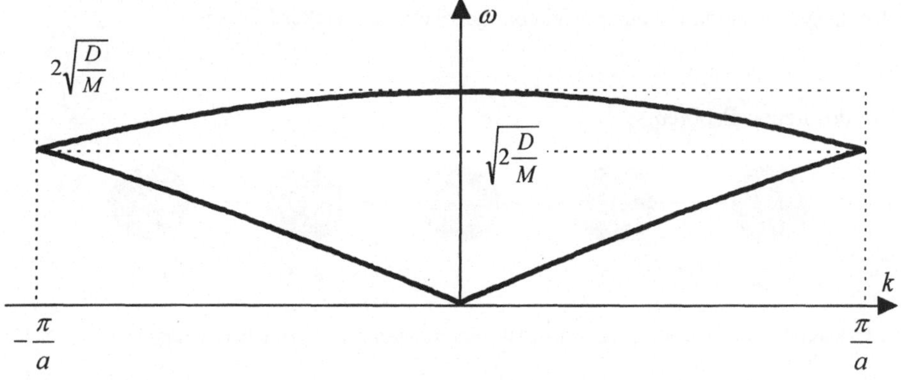

Bild 2.12: Dispersionsrelation einer zweiatomigen Kette gleicher Massen

c) In diesem Fall läßt sich die allgemeine Dispersionsrelation umformen zu:

$$\omega_\pm = \sqrt{\frac{4D}{3m}\left(1 \pm \sqrt{1 - \frac{3}{4}\sin^2\frac{ka}{2}}\right)}$$

Damit berechnen wir auch hier an den Rändern und in der Mitte der Brillouinzone die Funktionswerte der Dispersionsrelation.

Für $k = 0$: $\omega_+ = \dfrac{8D}{3m}$ und $\omega_- = 0$,

für $k = \dfrac{\pi}{2a}$: $\omega_+ = \dfrac{4D}{3m}\left(1 + \sqrt{1 - \dfrac{3\sqrt{2}}{8}}\right)$ und $\omega_+ = \dfrac{4D}{3m}\left(1 - \sqrt{1 - \dfrac{3\sqrt{2}}{8}}\right)$,

für $k = \dfrac{\pi}{a}$: $\omega_+ = \sqrt{\dfrac{2D}{m}}$ und $\omega_- = \sqrt{\dfrac{2D}{3m}}$.

Damit läßt sich die Dispersionsrelation in diesem Fall skizzieren wie in Bild 2.13.

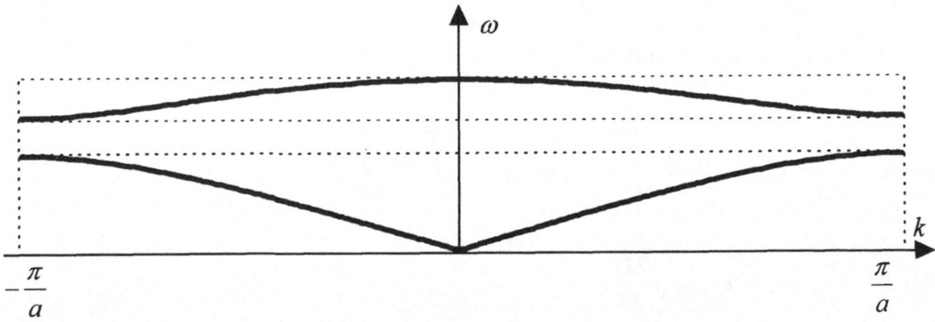

Bild 2.13: Dispersionsrelation einer zweiatomigen Kette ungleicher Massen

d) Skizze des neuen Problems:

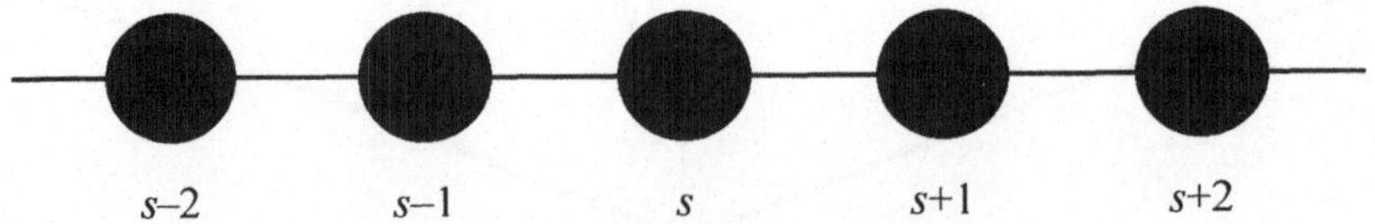

Bild 2.14: Modell einer linearen Kette mit Bezeichnungen für übernächste Nachbarn

Damit stellen wir als neue Bewegungsgleichung auf:

$$M\frac{d^2u_s}{dt^2} = D\big(u_{s+1} - u_s\big) + D\big(u_{s-1} - u_s\big) + D'\big(u_{s+2} - u_s\big) + D'\big(u_{s-2} - u_s\big).$$

Als Ansatz wählen wir wieder (wie bewährt):

$$u_s = u_0 \cdot e^{i(ska - \omega t)}.$$

Nach Einsetzen und Umformen (und unter Berücksichtigung der trigonometrischen Beziehung $e^{ix} + e^{-ix} = 2\cos x$) erhält man schließlich

$$\omega^2 = \frac{2D}{M}\big(1 - \cos ka\big) + \frac{2D'}{M}\big(1 - \cos 2ka\big).$$

e) Aus der eben hergeleiteten Dispersionsrelation folgt, unter Benutzung der Anfangsbedingung, als (physikalisch sinnvolle weil positive) Lösung:

$$\omega := \omega_+ = (+)\sqrt{\frac{D}{M}\big(3 - \cos 2ka - 2\cos ka\big)}\,.$$

Für die Werte an den Rändern und in der Mitte der 1. Brillouinzone folgen:

Für $k = 0$: $\omega = 0$,

für $k = \dfrac{\pi}{2a}$: $\omega = \sqrt{\big(4 - \sqrt{2}\big)\dfrac{D}{M}} \approx 1{,}6\sqrt{\dfrac{D}{M}}$,

für $k = \dfrac{\pi}{a}$: $\omega = 2\sqrt{\dfrac{D}{M}}$.

Damit läßt sich in diesem Fall die Dispersionsrelation wie in Bild 2.15 skizzieren.

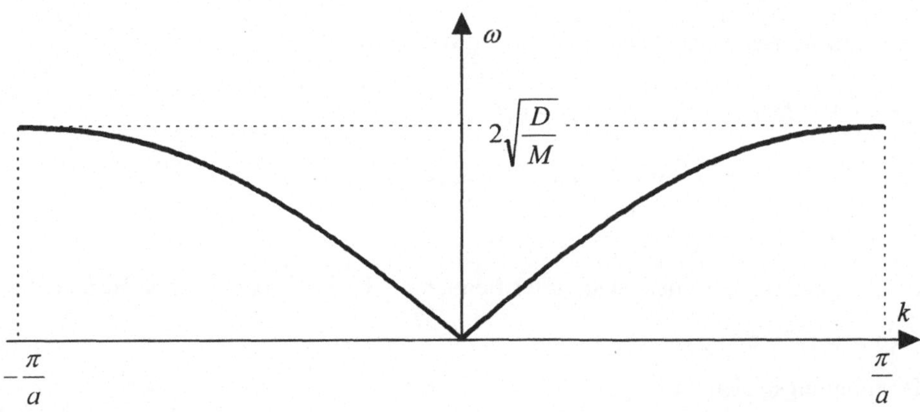

Bild 2.15: Dispersionsrelation einer linearen Kette mit Berücksichtigung der Wechselwirkung der übernächsten Nachbarn

f) Aus der ersten Aufgabe dieses Kapitels ergibt sich unter Berücksichtigung der Bezeichnungen dieser Aufgabe als Bestimmungsgleichungssystem für die Amplituden A_m und A_M:

$$\left(M\omega^2 - 2D\right)A_M + D\left(1 + e^{-ika}\right)A_m = 0$$

$$D\left(1 + e^{ika}\right)A_M + \left(m\omega^2 - 2D\right)A_m = 0 .$$

Also beträgt das Amplitudenverhältnis allgemein:

$$\frac{A_m}{A_M} = -\frac{M\omega^2 - 2D}{D\left(1 + e^{-ika}\right)} = -\frac{D\left(1 + e^{ika}\right)}{m\omega^2 - 2D} .$$

Mit den Werten aus Aufgabenteil c) für $\omega_{\pm}^2$ ergibt sich
für $k = 0$ ein Amplitudenverhältnis von $A_m/A_M = -3$ für ω_+ (bzw. $A_m/A_M = 1$ für ω_-) und für $k = \pi/a$ entsprechend $A_m/A_M = -\infty$ für ω_+ (bzw. $A_m/A_M = 0$ für ω_-); d.h. im Falle ω_+ kann am Rand der ersten Brillouinzone für $A_m = 0$ der Wert von A_M beliebig gewählt werden, ebenso kann bei $A_M = 0$ der Wert für A_m beliebig angesetzt werden.

Phononenspektrum eines Kreisgitters

Einige periodische Gitterphänomene lassen sich durch einfachere Modelle beschreiben. Ein etwas abstraktes, aber lösungstechnisch interessantes Problem ist die Bestimmung des Spektrums der longitudinalen Phononen eines linearen Gitters von Atomen der Masse M mit der Gitterkonstanten a, wenn das Gitter aus N (N groß!) Atomen besteht, die einen Kreis bilden. Zwischen den Atomen soll eine Kraftkonstante D wirken.

Lösung:

Für eine lineare Kette aus gleichen Atomen gilt der Kraftansatz

$$M\frac{d^2 u_s}{dt^2} = D\left(u_{s-1} - u_s\right) + D\left(u_{s+1} - u_s\right) ,$$

für den wir den bewährten Wellen-Lösungsansatz

$$u_s = u \cdot e^{-i(ska - \omega t)}$$

wählen und einsetzen, so dass sich, unter Benutzung der trigonometrischen Beziehung

$$2\cos x = e^{ix} + e^{-ix} ,$$

als Bestimmungsgleichung

$$-M\omega^2 + 2D - 2D\cos ka = 0$$

ergibt, aus der direkt die (physikalisch sinnvolle, weil positive) Lösung

$$\omega = \sqrt{\frac{2D}{M}(1 - \cos ka)}$$

abgelesen werden kann.

Nun soll die Konfiguration der Atome einen Kreis bilden, also kann man den periodischen Ansatz

$$u_s = u_{s+N}$$

machen. Hier setzen wir den Lösungsansatz für u_s von oben ein und erhalten als Forderung für dieses Kreisproblem

$$e^{-iNka} = 1.$$

Dies ist aber genau dann erfüllt, wenn $-iNka = -i2\pi n$ ist (wobei n eine ganze Zahl darstellt). Also erhält man für k die Werte $k = 2\pi n/(Na)$, die in die Bestimmungsgleichung für ω eingesetzt werden und so zur Dispersionsrelation für das Kreisproblem führen:

$$\omega = \sqrt{\frac{2D}{M}\left(1 - \cos\frac{2\pi n}{N}\right)}.$$

Wie man sieht, nimmt ω nur diskrete Werte an (da n eine ganze Zahl ist).

Zustandsdichte für Phononen in ein, zwei und drei Dimensionen

Zur Beschreibung des Schwingungsverhaltens ist die Zustandsdichte für Phononen nötig. Zum Training der physikalischen Methode beim Berechnen der Zustandsdichte soll deshalb nun die Zustandsdichte $D(\omega)d\omega$ für akustische Phononen mit kleinem k in der Debye-Näherung für ein, zwei und drei Dimensionen ermittelt werden.

Lösung:

Die Debye-Näherung besagt, dass die Frequenz ω der Phononen proportional ist zum Betrag des Wellenvektors k, wobei als Proportionalitätskonstante die Schallgeschwindigkeit v_s auftritt. Die gesuchte Beziehung lautet also:

$$\varpi = v_s \cdot k.$$

Betrachten wir zunächst den eindimensionalen Fall:

Ein Zustand im k-Raum nimmt das Volumen π/L ein, wenn L die Länge des Gitters ist. Also berechnet sich die Zahl der Zustände über

$$N(k) = \left(\frac{L}{\pi}\right)\frac{1}{2}2k = \frac{L}{\pi}k.$$

(Wir betrachten hier stehende Wellen als Randbedingungen, daher ist nur die Hälfte der Kette im k-Raum im Lösungsansatz einzusetzen (vergl. dazu entsprechende Lehrbücher).)

Über

$$D(k) = \frac{\mathrm{d}N(k)}{\mathrm{d}k} = \frac{L}{\pi}$$

erhalten wir die Zustandsdichte

$$D(k)\mathrm{d}k = \frac{L}{\pi}\mathrm{d}k \, .$$

Wegen $D(\omega)\mathrm{d}\omega = D(k)\mathrm{d}k$ kommen wir damit zu der gesuchten Zustandsdichte im eindimensionalen Fall:

$$D(\omega)\mathrm{d}\omega = \frac{L}{\pi v_\mathrm{s}}\mathrm{d}\omega \, .$$

Im zweidimensionalen Fall nimmt ein Zustand im k-Raum das Volumen $(\pi/L)^2$ ein, also berechnet sich die Zahl der Zustände über

$$N(k) = \left(\frac{L}{\pi}\right)^2 \frac{1}{4}\pi k^2 = \frac{L^2}{4\pi}k^2 \, .$$

(Wir betrachten auch hier stehende Wellen als Randbedingungen, daher ist nur ein Viertel eines Kreises im k-Raum anzusetzen.)

Über

$$D(k) = \frac{\mathrm{d}N(k)}{\mathrm{d}k} = \frac{L^2}{2\pi}k$$

erhalten wir die Zustandsdichte zu

$$D(k)\mathrm{d}k = \frac{L^2}{2\pi}k\mathrm{d}k \, .$$

Wegen $D(\omega)\mathrm{d}\omega = D(k)\mathrm{d}k$ folgt als gesuchte Zustandsdichte im zweidimensionalen Fall:

$$D(\omega)\mathrm{d}\omega = \frac{L^2 \omega}{2\pi v_\mathrm{s}^2}\mathrm{d}\omega \, .$$

Im dreidimensionaler Fall nimmt nun ein Zustand im k-Raum das Volumen $(\pi/L)^3$ ein, also berechnet sich die Zahl der Zustände über

$$N(k) = \left(\frac{L}{\pi}\right)^3 \frac{1}{8}\frac{4}{3}\pi k^3 = \frac{L^3}{2\pi^2}k^2 \, .$$

(Auch hier benutzen wir stehende Wellen als Randbedingungen – und somit berücksichtigen wir nur ein Achtel der Kugel im k-Raum.)

Über

$$D(k) = \frac{\mathrm{d}N(k)}{\mathrm{d}k} = \frac{L^3}{2\pi^2}\,k^2$$

erhalten wir die Zustandsdichte

$$D(k)\mathrm{d}k = \frac{L^3}{2\pi^2}\,k^2\mathrm{d}k\ .$$

Wiederum über $D(\omega)\mathrm{d}\omega = D(k)\mathrm{d}k$ kommen wir zu der gesuchten Zustandsdichte – hier im dreidimensionalen Fall:

$$D(\omega)\mathrm{d}\omega = \frac{L^3\omega^2}{2\pi^2 v_\mathrm{s}^3}\,\mathrm{d}\omega\ .$$

Anmerkung: Natürlich kann man auch periodische Randbedingungen ansetzen; damit erhält man die gleichen Ergebnisse. Da dabei k die Werte

$$k = 0, \pm\frac{2\pi}{L}, \ldots, \pm\frac{n\pi}{L}$$

annehmen kann, erhält man für die Zahl der Zustände (hier benutzt man jeweils die komplette Kette, den ganzen Kreis, bzw. die volle Kugel) z.B. in drei Dimensionen

$$N(k) = \left(\frac{L}{2\pi}\right)^3 \frac{4}{3}\pi k^3$$

(für die anderen Dimensionen analog).

Bose-Einstein-Statistik für Phononen

Die Bose-Einstein-Statistik beschreibt ein Ensemble aus Bosonen, also Teilchen mit ganzzahligem Spin, unter die auch die Phononen fallen. Um einen Eindruck über die Zahl an auftretenden Phononen zu bekommen, betrachten wir nur einen schmalen Frequenzbereich zwischen $4{,}0\cdot10^6$ Hz und $4{,}1\cdot10^6$ Hz?

Wieviele Phononen gibt es nach der Bose-Einstein-Statistik bei $T = 300$ K in einem Kristall mit dem Volumen 1 cm³ in diesem Frequenzbereich? Die Schallgeschwindigkeit betrage in diesem Fall 6000 m/s.

Lösung:

Mit Hilfe der Dispersionsrelation für einen dreidimensionalen Kristall (vergl. vorige Aufgabe) können wir die Anzahl der Phononen berechnen über

$$N = 3 \int_{\omega_1}^{\omega_2} D(\omega)\, f_{\mathrm{BE}}(\omega, T)\, d\omega$$

(die 3 steht dabei für die drei möglichen Polarisationsrichtungen der Phononen: 2 transversale Äste, 1 longitudinaler Ast).

Unter Verwendung der o.g. Dispersionsrelation, der Bose-Einstein-Statistik und unter Substitution von $\omega = 2\pi\nu$ ergibt sich

$$N = 3 \int_{\nu_1}^{\nu_2} \frac{L^3}{2\pi^2 v_{\mathrm{s}}^2} \cdot \frac{(2\pi\nu)^2}{e^{h\nu/k_{\mathrm{B}}T} - 1}\, 2\pi\, d\nu \; .$$

Da $h\nu \ll kT$ wird

$$e^{h\nu/k_{\mathrm{B}}T} \approx 1 + \frac{h\nu}{k_{\mathrm{B}}T}\, ,$$

damit können wir das Integral vereinfachen und auswerten zu

$$N = \frac{12\pi L^3 k_{\mathrm{B}}T}{h v_{\mathrm{s}}^3} \int_{\nu_1}^{\nu_2} \nu\, d\nu = \frac{6\pi L^3 k_{\mathrm{B}}T}{h v_{\mathrm{s}}^3}\left[\nu_2^2 - \nu_1^2\right] .$$

Mit den gegebenen Werten und Konstanten erhält man eine Phononenzahl von

$$N = 4{,}418 \cdot 10^8 \; .$$

Brillouin-Streuung zur Ermittlung der Schallgeschwindigkeit

Über unelastische Streuung von Licht an Gittern gewinnt man Aussagen über Wechselwirkungsprozesse, die auch Materialeigenschaften zu Tage fördern. So wird in einem Experiment die Brillouin-Streuung eines monochromatischen Lichtstrahls mit $\lambda = 632{,}8$ nm in Wasser beobachtet. Die erzeugte Streulinie (eigentlich ein Band) wird bei einem Streuwinkel von 90° gemessen – die Frequenzverschiebung zur Rayleigh-Linie beträgt $\Delta\nu = 4{,}3 \cdot 10^9$ Hz. Wie groß ist die Schallgeschwindigkeit in Wasser bei Zimmertemperatur, wenn der zuvor ermittelte Brechungsindex $n = 1{,}33$ beträgt?

Lösung:

Aus dem Energiesatz

$$\hbar\omega = \hbar\omega' + \hbar\Omega$$

folgt direkt:

$$\Omega = \omega - \omega' = \Delta\omega = 2\pi\Delta\nu .$$

Der Impulssatz

$$\hbar k = \hbar k' + \hbar K$$

liefert ebenso direkt

$$K = k - k'.$$

Nach der angegebenen experimentellen Streubedingung (Streuwinkel $\vartheta = 90°$) kann man über den Satz des Pythagoras und der Skizze in Bild 2.16

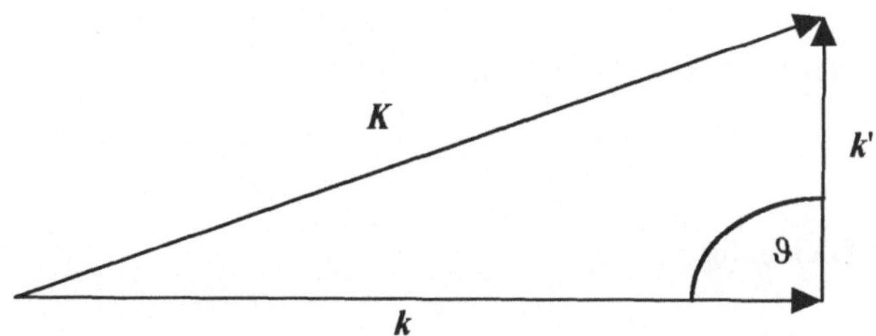

Bild 2.16: Prinzipdarstellung der Brillouinstreuung bei senkrechter Detektion

also

$$K = \sqrt{k^2 + k'^2}$$

sowie den Beziehungen

$$k = \frac{2\pi n}{\lambda}$$

und

$$k' = \frac{2\pi n}{\lambda'} = \frac{2\pi n}{c}\left[\frac{c}{\lambda} - \Delta v\right]$$

die Schallgeschwindigkeit v_s berechnen über $v_s K = 2\pi\Delta v$ zu

$$v_s = \frac{2\pi\Delta v}{K} = \frac{2\pi\Delta v}{\sqrt{\left(\frac{2\pi n}{\lambda}\right)^2 + \left(\frac{2\pi n}{c}\left[\frac{c}{\lambda} - \Delta v\right]\right)}}\ .$$

Als Endergebnis erhalten wir den numerischen Wert

$$v_s = 1446{,}67\,\frac{m}{s}\ .$$

Brillouinstreuung in Quarz

Bei einem Brillouin-Streuversuch wird ein Laserstrahl durch einen Quarzkristall geschickt. Wie groß ist die maximale Frequenz der durch Brillouinstreuung angeregten Phononen und auf welchen Wert kann man die relative Frequenzverschiebung des gestreuten Lichts voraussagen?

(Die Brechzahl für das Quarzmaterial betrage $n = 1,54$, die Schallgeschwindigkeit sei $v_s = 6000$ m/s)

Lösung:

Im Medium gilt für das Photon die Beziehung

$$\omega = \frac{c_0}{n} k \, ,$$

für das Phonon die Gleichung

$$\Omega = v_s k \, .$$

Außerdem gilt die Impulserhaltung mit

$$k = K + k'$$

und die Energieerhaltung mit

$$\omega = \Omega + \omega'$$

(die jeweiligen $\hbar$ wurden bereits eliminiert).

Da es sich um Brillouinstreuung handelt (also das gestreute Photon nach dem Stoß mit gleich großem, aber exakt entgegengesetztem Impuls davonfliegt) wird

$$k' = -k$$

zu einem einsichtigen Ansatz, also folgern wir

$$K_{max} = k - k' = 2k.$$

Damit erhalten wir für die maximale Frequenz der angeregten Phononen den Wert

$$\Omega_{max} = v_s \cdot K_{max} \approx 1{,}086 \cdot 10^{11} \, \frac{1}{s} \, .$$

Die geschätzte relative Frequenzverschiebung wird damit ermittelt zu

$$\frac{\Delta\omega}{\omega} = \frac{\omega - \omega'}{\omega} = \frac{\Omega}{\omega} = 2\frac{n}{c_0} v_s \approx 6{,}164 \cdot 10^{-5} \, .$$

2.2 Thermische Eigenschaften des Kristallgitters

Innere Energie und spezifische Wärme der Grundgittertypen

Mit Hilfe der Zustandsdichte in der Debye-Näherung lassen sich für akustische Phononen die innere Energie $U(T)$ und die spezifische Wärme $c_V(T)$ berechnen. Wie sehen die beiden Größen aus für:
a) eine lineare, einatomige Kette,
b) ein quadratisches Gitter und
c) einen dreidimensionalen Kristall,
wenn man einmal eine hohe Energie, zum anderen eine niedrige Energie voraussetzt, (d.h $T \ll \Theta_D$, $T \gg \Theta_D$)?

Lösung:

a) lineare, einatomige Kette (eindimensional):

Unter Berücksichtigung periodischer Randbedingungen und mit Hilfe der Debyeschen Kontinuumsnäherung ergibt sich die Zahl der erlaubten Zustände zu

$$N = \frac{L}{2\pi} \cdot k = \frac{L}{2\pi} \cdot \frac{\omega}{v} \,.$$

Mit diesem Ansatz können wir die Zustandsdichte $D(\omega)$ wie folgt ausdrücken:

$$D(\omega) = \frac{\mathrm{d}N}{\mathrm{d}\omega} = \frac{N}{\omega_D} \,.$$

Die Innere Energie $U(T)$ läßt sich damit über den allgemeinen Ansatz

$$U(T) = 3 \cdot \int \hbar\omega \cdot D(\omega) \cdot f_{BE}(\omega) \, \mathrm{d}\omega$$

berechnen.
(Hinweis: Das Integral wurde mit dem Faktor 3 multipliziert, da angenommen werden kann, dass die Phononengeschwindigkeit von der Polarisation unabhängig ist.)

Die innere Energie folgt mit der Debyeschen Näherung zu

$$U(T) = 3 \cdot \int \hbar\omega \cdot \frac{N}{\omega_D} \cdot \frac{1}{e^{\hbar\omega/k_B T} - 1} \, \mathrm{d}\omega \,,$$

bzw. (nach Umformung und Ergänzung der entsprechenden Integrationsgrenzen) zu

$$U(T) = 3 \cdot \frac{N \cdot \hbar}{\omega_D} \cdot \int_0^{\omega_D} \frac{\omega}{e^{\hbar\omega/k_B T} - 1}\, d\omega\,.$$

Das Integral lässt sich über eine Substitution einfacher lösen, dazu subsituieren wir

$$x = \frac{\hbar\omega}{k_B T}\,,$$

aus der wir die entsprechende differentielle Größe

$$d\omega = \frac{k_B T}{\hbar}\, dx$$

folgern können. Gleichzeitig nutzen wir die Beziehung zwischen ω_D und Θ_D,

$$\omega_D = \frac{k_B \Theta_D}{\hbar}\,,$$

aus, so dass wir insgesamt für die innere Energie die Beziehung:

$$U(T) = \frac{3 N k_B T^2}{\Theta_D} \cdot \int_0^{x_D} \frac{x}{e^x - 1}\, dx$$

in einer einfacher lösbaren Integralform erhalten.

Im Grenzfall hoher Temperaturen, also für $T \gg \Theta_D$ können wir folgende Abschätzung vornehmen:

$$e^{\hbar\omega/k_B T} \approx 1 + \frac{\hbar\omega}{k_B T} = 1 + x\,,$$

die uns aus der entsprechenden Auswertung des obigen Integrals die innere Energie zu

$$U(T) = \frac{3 N k_B T^2}{\Theta_D} \cdot x_D$$

berechnen läßt. Hierin machen wir die oben ausgeführte Substitution wieder rückgängig, so dass sich schließlich als innere Energie ergibt:

$$U(T) = 3 N k_B T\,.$$

Die spezifische Wärme $c_V(T)$ ist definiert als

$$c_V(T) = \left(\frac{\partial U}{\partial T}\right)_V\,,$$

woraus wir nach entsprechender Differenziation für c_V den Ausdruck

$$c_V(T) = 3 N k_B = const$$

erhalten.

Im Grenzfall niedriger Temperaturen, also für $T \ll \Theta_D$ kann die obere Integrationsgrenze im Integral bis ins Unendliche erweitert werden, da für $\omega \geq \omega_D$ keine Phononen mehr existieren.

Aus den obigen Überlegungen erhalten wir also für die innere Energie:

$$U(T) = \frac{3Nk_B T^2}{\Theta_D} \cdot \int_0^\infty \frac{x}{e^x - 1}\, dx \,.$$

Der Wert des Integrals nimmt einen konstanten Wert α an, so dass für die spezifische Wärme folgt:

$$c_V(T) = \alpha \cdot 6Nk_B \frac{T}{\Theta_D}\,,$$

d.h. für die lineare, einatomige Kette gilt im Grenzfall tiefer Temperaturen der lineare Zusammenhang zwischen spezifischer Wärme und Temperatur:

$$c_V \propto T\,.$$

b) Für das quadratische Gitter, also im zweidimensionalen Fall, ergibt sich für die Zahl der erlaubten Zustände unter Verwendung von periodischen Randbedingungen

$$N = \left(\frac{L}{2\pi}\right)^2 \cdot \pi k^2 = \frac{L^2}{4\pi} \cdot \frac{\omega^2}{v^2}\,.$$

Die Zustandsdichte ergibt sich somit zu

$$D(\omega) = \frac{2N\omega}{\omega_D^2}\,.$$

Mit der gleichen Herleitung, die in Teil a) beschrieben wurde, erhält man in diesem Fall für $U(T)$

$$U(T) = \frac{6Nk_B T^3}{\Theta_D^2} \cdot \int_0^{x_D} \frac{x^2}{e^x - 1}\, dx\,.$$

Auch hier schätzen wir für hohe Temperaturen ab, d.h. $T \gg \Theta_D$. In diesem Fall ergibt sich für die spezifische Wärme:

$$c_V(T) = 3Nk_B = \text{const}\,,$$

d.h. genau das gleiche Ergebnis wie in Aufgabenteil a).

Im Grenzfall tiefer Temperaturen, für $T << \Theta_D$ können wir auch in diesem Fall das Integral durch einen konstanten Wert β abschätzen, wenn wir die obere Integrationsgrenze ins Unendliche verschieben.

Damit erhält man für die spezifische Wärme:

$$c_V(T) = \beta \cdot 18 N k_B \left(\frac{T}{\Theta_D} \right)^2$$

d.h. für das quadratische Gitter gilt die Proportionalität

$$c_V(T) \propto T^2$$

c) Da der Rechenweg bis zur Bestimmung der Gleichung für die Innere Energie U(T) auch für den Fall des dreidimensionalen Kristalls prinzipiell der gleiche ist, wird hier das Ergebnis vorweggenommen:

$$U(T) = \frac{9 N k_B T^4}{\Theta_D^3} \cdot \int\limits_0^{x_D} \frac{x^3}{e^x - 1} \, dx \; .$$

Für den Grenzfall hoher Temperaturen ($T >> \Theta_D$) erhält man in diesem Fall für die spezifische Wärme wiederum das Ergebnis

$$c_V(T) = 3 N k_B = \text{const} \, .$$

Im Grenzfall tiefer Temperaturen ($T << \Theta_D$) folgt für das o.g. Integral der Wert

$$\int\limits_0^{x_D} \frac{x^3}{e^x - 1} \, dx = \frac{\pi^4}{15} = \text{const} \, .$$

Also ergibt sich im dreidimensionalen Fall für $c_V(T)$:

$$c_V(T) = \frac{12}{5} \pi^4 N k_B \left(\frac{T}{\Theta_D} \right)^3 ,$$

d.h. für einen dreidimensionalen Kristall gilt das Debyesche T^3-Gesetz

$$c_V(T) \propto T^3 \, .$$

Wärmekapazität bei Graphit

Messungen an Graphit ergeben, dass für kleine Temperaturen die Wärmekapazität mit T^2 variiert und nicht mit T^3, wie man es aufgrund der Debye-Theorie für einen dreidimensionalen Kristall (s. vorige Aufgabe) erwartet. Wodurch ist dies begründet?

(Hinweis: Schauen Sie sich die Gitterstruktur von Graphit an).

Lösung:

Bei der Debyeschen-Näherung betrachtet man den Festkörper als ein isotropes Kontinuum. Das bedeutet, dass die Ausbreitungsgeschwindigkeit der Wellen in allen Polarisationsrichtungen konstant und keine Richtungsabhängigkeit der Ausbreitungsgeschwindigkeit festzustellen ist, d.h.

$$\omega = k \cdot v$$

Graphit muss aufgrund seiner Struktur aber als ein anisotroper Kristall angesehen werden. Wie Bild 2.17 zeigt, sind die Bindungsabstände zwischen den Schichten erheblich größer als in den Schichten.

Außerdem treten bei Graphit die verschiedenen Bindungs*arten* deutlich in Erscheinung: In den Ebenen liegt eine kovalente Bindung vor, während zwischen den Ebenen Van-der-Waals-Bindungen aufgebaut sind, so dass sich damit auch die Kopplungskonstanten in bzw. zwischen den Ebenen um Größenklassen unterscheiden.

Somit kommt es zu unterschiedlichen Wechselwirkungen und es lässt die Schlußfolgerung zu, dass das Graphit-Gitter einem zweidimensionalen Gitter gleichgesetzt werden kann.

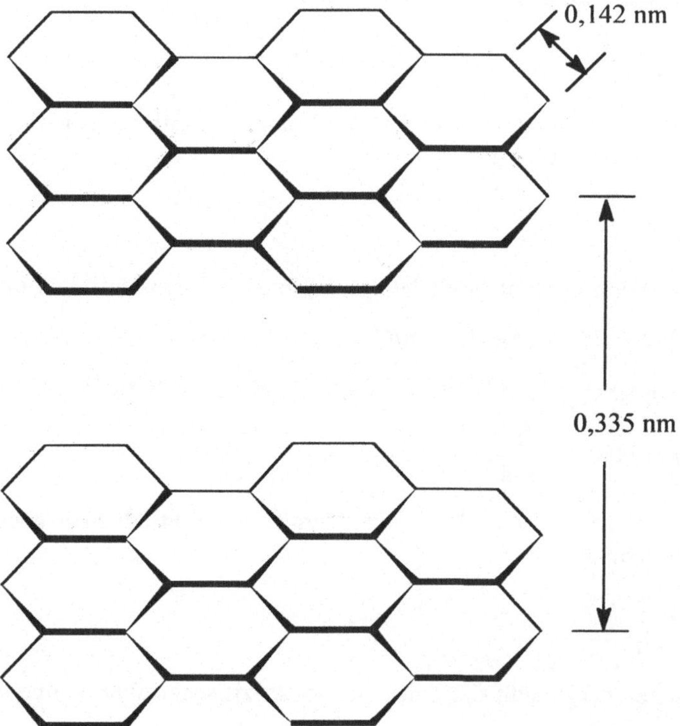

Bild 2.17: Schichtstruktur des Graphitgitters

Die Herleitung für einen Ausdruck der spezifischen Wärme für ein zweidimensionales Gitter für kleine Temperaturen wurde bereits in der vorherigen Aufgabe ausführlich besprochen, so dass hier darauf verzichtet werden kann.

Aufgrund der dort angestellten Überlegungen ergibt sich für die spezifische Wärme von Graphit die Proportionalität

$$c_V(T) \propto T^2 \,.$$

Klassische Theorie der Wärmekapazität

Beim Betrachten der Wärmekapazität benutzt man üblicherweise die Debye-Theorie, die wir hier quantitativ mit der klassischen Methode vergleichen wollen.
a) Wie groß ist nach der klassischen Theorie der Wärmekapazität die thermische Energie von 1 Mol Kupfer bei $T = \Theta_D$? (Für Kupfer ist $\Theta_D = 340$ K)
b) Berechnen Sie die thermische Energie mittels Debye-Theorie und vergleichen Sie sie mit dem klassischen Ergebnis aus a). (Hinweis: Debye-Kurve durch Gerade annähern)
c) Bestimmen Sie die Größenordnung der Auslenkung der Kupferatome bei $T = \Theta_D$. Vergleichen Sie den Wert mit dem Atomabstand im Gitter.

Lösung:

a) Nach dem Gleichverteilungssatz der Thermodynamik entfällt auf jeden Freiheitsgrad der Bewegung die thermische Energie

$$U(T) = \frac{1}{2} k_B T \,.$$

Da ein Festkörper 6 Freiheitsgrade besitzt, ergibt sich die thermische Energie zu

$$U(T) = 3Nk_B T = 3n \cdot N_A k_B \cdot T = 3nRT \,,$$

d.h. für 1 Mol Kupfer ($n = 1$ mol) und $T = \Theta_D = 340$ K läßt sich die Energie ermitteln zu

$$U(T) = 3RT = 8480{,}80 \; \frac{J}{mol} \,.$$

b) Nähert man die Debye-Kurve durch eine Gerade an, so erhält man über die Skizze in Bild 2.18 die Beziehung

$$c_V(T) = 3R \frac{T}{\Theta_D} \,.$$

Die thermische Energie läßt sich mit Hilfe der spezifischen Wärme über die Formel

$$U(T) = \int_0^{\Theta_D} c_V(T)\, dT$$

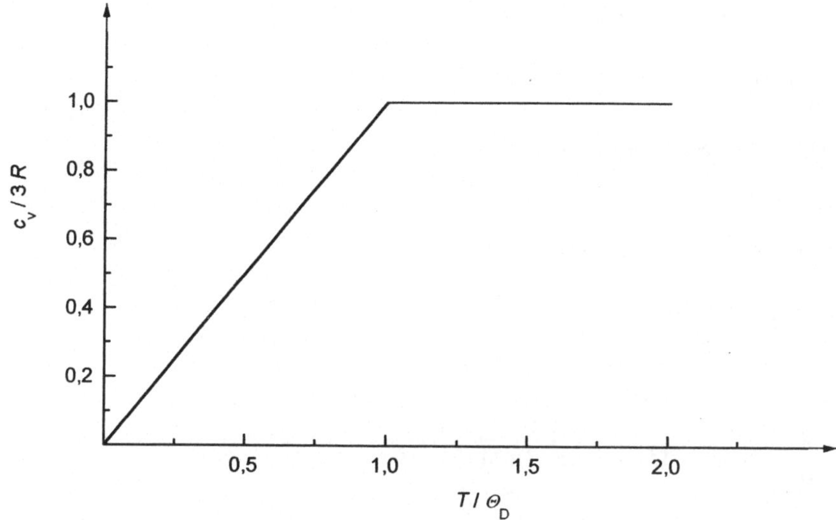

Bild 2.18: Annäherung der Debye-Kurve durch eine Gerade

berechnen – es ergibt sich über das genannte Integral

$$U(T) = 3\frac{R}{\Theta_D} \cdot \int_0^{\Theta_D} T\,\mathrm{d}T = \frac{3}{2}R\Theta_D$$

schließlich für die Energie der Wert:

$$U(T) = 4240{,}40 \;\; \frac{\mathrm{J}}{\mathrm{mol}}\,.$$

Der klassisch ermittelte Wert für die thermische Energie ist damit also genau doppelt so groß wie der nach der Debye-Theorie ermittelte.

c) Nimmt man an, dass die Auslenkungen der Atome einem harmonischen Kraftansatz unterliegen, so kann man gemäß dem Hookeschen Gesetz für das harmonische Potential den Ausdruck

$$U(T) = \frac{1}{2}Dx^2$$

ansetzen.

Aus der Dispersionsrelation lässt sich die Federkonstante berechnen. Über

$$\omega_{\text{max}}^2 = 4\frac{D}{m}$$

folgt für die Federkonstante der Ausdruck

$$D = \frac{1}{4} m\omega_{\text{max}}^2 \; .$$

Mit Hilfe der bereits bekannten Beziehung

$$\hbar\omega_{\text{D}} = k_{\text{B}}\Theta_{\text{D}}$$

und der Annahme $\omega_{\text{D}} = \omega_{\text{max}}$, erhält man

$$D = \frac{1}{4} M_{\text{Cu}} \frac{k_{\text{B}}^2\Theta_{\text{D}}^2}{\hbar^2} \; ,$$

wobei

$$n = \frac{m}{M} \quad \Rightarrow \quad m = M \quad \text{mit } n = 1\,\text{mol}$$

berücksichtigt wurde.

Aus den obigen Ansätzen ergibt sich die maximale Auslenkung der Atome über

$$x_{\text{max}} = \sqrt{\frac{2U(T)}{D}} \; .$$

Mit $M_{\text{Cu}} = 63{,}55$ g/mol erhält man für x_{max} den Wert

$$x_{\text{max}} = 0{,}03 \text{ nm} \, .$$

Damit liegt dieser Wert bei etwa einem Zehntel der Gitterkonstanten.

Thermische Energie von Kohlenstoff klassisch und im Einstein-Modell

Ein anderes Modell für die thermische Energie liefert das Einstein-Modell. Wie groß ist
die thermische Energie eines Mols Kohlenstoff in Diamantform nach diesem Modell bei
der Temperatur $T = 1000$ K ($\vartheta_{\text{E}} = 1329$ K)?
   Wie groß wäre die thermische Energie, wenn man die klassische Theorie zugrunde
legt?

Lösung:

Im Einstein-Modell besitzen alle Phononen die gleiche Frequenz ω_{E}. Die thermische
Energie läßt sich mit dem allgemeinen Ansatz

$$U(T) = 3N \cdot \hbar\omega_E \cdot f_{BE}(E,T)$$

berechnen.

Daraus ergibt sich für die thermische Energie

$$U(T) = \frac{3N \cdot \hbar\omega_E}{e^{\hbar\omega_E/k_BT} - 1} = \frac{3Nk_B\vartheta_E}{e^{\vartheta_E/T} - 1} \,.$$

Für 1 Mol erhält man

$$U(T) = 11936{,}19 \; \frac{J}{mol} \,.$$

Unter Annahme der klassischen Theorie mit

$$U(T) = 3nRT$$

erhält man den Wert

$$U(T) = 24943{,}53 \; \frac{J}{mol} \,.$$

Die thermische Energie im Fall der klassischen Theorie ist also mehr als doppelt so groß wie der Wert im Einstein-Modell.

Beitrag der optischen Phononen zur Wärmekapazität

Die Energie der optischen Phononen sei einheitlich $\hbar\omega = 30$ meV, und unabhängig von k (Einstein-Modell). Wie groß ist ihr Beitrag zur molaren Wärmekapazität bei $T = 300$ K für einen Kristall mit zweiatomiger Basis?

Lösung:

Für ein Kristallgitter mit N Atomen gilt im Einstein-Modell

$$U(T) = 3N \cdot \hbar\omega_E \cdot f_{BE}(E,T) \,.$$

Da die spezifische Wärme durch die Beziehung

$$c_V(T) = \left(\frac{\partial U}{\partial T} \right)_V$$

definiert ist, erhält man für $c_V(T)$

$$c_V(T) = 3N \cdot \hbar\omega_E \cdot \frac{\hbar\omega_E}{k_BT} \cdot \frac{e^{\hbar\omega_E/k_BT}}{(e^{\hbar\omega_E/k_BT} - 1)^2}$$

Mit Hilfe der Beziehung

$$N = n \cdot N_{\mathrm{A}}$$

und der Angabe, dass die Basis zwei Atome enthält, berechnet sich die spezifische Wärme des Kristalls zu

$$c_{\mathrm{V}}(T) = 6 \cdot n N_{\mathrm{A}} \cdot 1{,}38 \cdot 10^{-23} \ \frac{\mathrm{J}}{\mathrm{mol} \cdot \mathrm{K}} = 49{,}89 \ \frac{\mathrm{J}}{\mathrm{mol} \cdot \mathrm{K}}.$$

3 Elektronen im Festkörper

3.1 Freies Elektronengas

Freie Elektronen in Silber

Metalle sind chemisch dadurch gekennzeichnet, dass sie leicht Elektronen abgeben. Auch die typischen physikalischen Eigenschaften der Metalle – elektrische und Wärmeleitfähigkeit, Reflexion und Absorption – sind im Wesentlichen durch die Valenzelektronen der Atome bestimmt.

Berechnen Sie unter der Annahme eines freien Elektronengases die Fermi-Energie, die Fermi-Wellenzahl, die Fermi-Temperatur und die Fermi-Geschwindigkeit für Silber.

Silber steht in der 11. Gruppe des Periodensystems und liefert ein Elektron pro Atom; die Dichte beträgt 10,5 g/cm^3 und die molare Masse von Silber beträgt 107,87 g/mol.

Lösung:

Man denkt sich den Festkörper aus positiven Atomrümpfen (Atomkerne mit fest gebundenen inneren Elektronen) und fast freien Valenzelektronen bestehend. Es ergibt sich jedoch das Problem, die Bewegung einer riesigen Zahl von Elektronen (ca. 10^{23}) unter dem Einfluss von vergleichbar vielen Atomrümpfen zu beschreiben.

Dazu betrachtet man im Rahmen der Einelektronennäherung ein Elektron, dessen Verhalten repräsentativ für alle anderen Elektronen gelten soll, in einem effektiven periodischen und zeitunabhängigen Potential. Hierbei werden Elektron-Elektron-Wechselwirkungen vernachlässigt und es wird die Schrödinger-Gleichung für ein Elektron gelöst.

Betrachtet man ein Elektron in einem Kastenpotential (Länge L) mit unendlich hohen Wänden, so ergibt sich für die Energie

$$E = \frac{\hbar^2}{2m_e} \cdot k^2 = \frac{\hbar^2}{2m_e} \cdot \left(\frac{n \cdot \pi}{L} \right)^2$$

mit

$$k = \frac{n \cdot \pi}{L}.$$

Nach dem Pauli-Prinzip dürfen keine zwei Elektronen in den Quantenzahlen übereinstimmen. Pro Energieniveau befinden sich somit maximal zwei Elektronen mit dem Spin $+1/2$ bzw. $-1/2$. Die Energieniveaus werden sukzessiv bis zu einem obersten besetzten Niveau, dem Fermi-Niveau, mit der Energie

$$E_\mathrm{F} = \frac{\hbar^2}{2m_\mathrm{e}} \cdot k_\mathrm{F}^2$$

aufgefüllt.

Dabei stellt k_F die Fermi-Wellenzahl dar und entspricht dem Maximalimpuls

$$p_\mathrm{F} = \hbar \cdot k_\mathrm{F}$$

der Elektronen bei der Temperatur $T = 0$ K.

E_F = konst definiert im k-Raum die Fermi-Fläche. Für freie Elektronen ist dies die Fermi-Kugel mit dem Radius $|k| = k_\mathrm{F}$. Dieser lässt sich mit

$$k_\mathrm{F} = \left(3\pi^2 \cdot n\right)^{1/3}$$

berechnen, wobei n die Elektronenkonzentration (Zahl der Elektronen im Volumen V) darstellt.

Für Metalle ergibt sich die temperaturunabhängige Fermi-Geschwindigkeit zu

$$v_\mathrm{F} = \frac{\hbar \cdot k_\mathrm{F}}{m_\mathrm{e}}$$

und die Fermi-Temperatur zu

$$T_\mathrm{F} = \frac{E_\mathrm{F}}{k_\mathrm{B}} \, .$$

Für den Radius der Fermi-Kugel von Silber erhalten wir mit

$$n = \frac{N_\mathrm{A} \cdot \rho}{M} = 5{,}86 \cdot 10^{22} \ \frac{1}{\mathrm{cm}^3}$$

$$k_\mathrm{F} = 1{,}202 \cdot 10^8 \ \frac{1}{\mathrm{cm}} \, .$$

Dieser liegt in der Größenordnung der reziproken Gitterkonstanten

$$k = \frac{2\pi}{a} = 1{,}536 \cdot 10^8 \ \frac{1}{\mathrm{cm}} \, .$$

Für die Fermi-Energie, die Fermi-Geschwindigkeit und die Fermi-Temperatur erhalten wir

$E_\mathrm{F} = 8{,}82 \cdot 10^{-19}$ J $= 5{,}5$ eV,
$v_\mathrm{F} = 1{,}39 \cdot 10^4$ m/s und
$T_\mathrm{F} = 63875$ K.

Superfluides Helium (^{3}He)

Zur Erzeugung sehr tiefer Temperaturen für Untersuchungen im mK-Bereich verwendet man superfluides ^{3}He bzw. ein ^{3}He-^{4}He-Gemisch.

Berechnen Sie im Rahmen der Fermi-Dirac-Statistik die Fermi-Energie, die Fermi-Wellenzahl, die Fermi-Geschwindigkeit und die Fermi-Temperatur. Vergleichen Sie die Werte mit den berechneten Werten aus der vorigen Aufgabe für freie Elektronen in Silber. Die Dichte von flüssigem ^{3}He beträgt 0,081 g/cm^3.

Lösung:

Im Unterschied zum ^{4}He-Atom besitzt das ^{3}He-Atom einen halbzahligen Spin und ist somit ein Fermion. Daher unterliegen ^{3}He-Atome der Fermi-Dirac-Statistik und zeigen Ähnlichkeiten mit dem Elektronengas in einem Metall. Man bezeichnet flüssiges ^{3}He auch als Fermi-Flüssigkeit.

Die Teilchenkonzentration berechnen wir zu

$$n = \frac{N_A \cdot \rho}{M_{He}} = 1{,}626 \cdot 10^{22} \; \frac{1}{cm^3} \; .$$

Daraus ergibt sich für die Fermi-Wellenzahl

$$k_F = \left(3\pi^2 \cdot n\right)^{1/3} = 7{,}84 \cdot 10^7 \; \frac{1}{cm} \; ,$$

für die Fermi-Energie

$$E_F = \frac{\hbar^2}{2m_{He}} \cdot k_F^2 = 4{,}25 \cdot 10^{-4} \; eV \; ,$$

für die Fermi-Geschwindigkeit

$$v_F = \frac{\hbar \cdot k_F}{m_{He}} = 1{,}65 \; \frac{cm}{s} \; , \; \cdot$$

und für die Fermi-Temperatur

$$T_F = \frac{E_F}{k_B} = 4{,}93 \; K \; .$$

In der folgenden Tabelle werden die ermittelten Werte denen aus der vorigen Aufgabe gegenübergestellt

	^{3}He	Ag
k_F in 1/cm	$7{,}84 \cdot 10^7$	$1{,}202 \cdot 10^8$
E_F in eV	$4{,}25 \cdot 10^{-4}$	$5{,}5$
T_F in K	$4{,}93$	63875
v_F in cm/s	$1{,}65$	$1{,}39 \cdot 10^4$

Fermi-Fläche für ein freies Elektronengas I

Das Erdalkalimetall Barium steht in der zweiten Hauptgruppe des Periodensystems. Zur Vereinfachung betrachten Sie Barium als zweidimensionales Metall mit der Gestalt eines quadratischen Gitters. Ermitteln Sie den kürzesten Abstand einer Begrenzungsfläche in der ersten Brillouinzone und berechnen Sie die Fermi-Wellenzahl.

Zeichnen Sie für ein freies Elektronengas die Fermi-Oberfläche der Elektronen im erweiterten und im reduzierten Zonenschema.

Lösung:

Der kürzeste Abstand einer Begrenzungsfläche in der ersten Brillouinzone lässt sich mit Hilfe des reziproken Gittervektors über

$$k = \frac{1}{2} \cdot \frac{2\pi}{a} = \frac{\pi}{a}$$

zu

$$k = 3{,}14 \cdot \frac{1}{a}$$

berechnen.

Die Zahl der Zustände erhalten wir unter Zuhilfenahme der Randbedingung stehender Wellen

$$N = 2 \cdot \left(\frac{L}{\pi}\right)^2 \cdot \frac{1}{4} \cdot \pi \cdot k_{\mathrm{F}}^2 \, .$$

Der Faktor 2 gibt an, dass die Elektronen zwei mögliche Spinorientierungen gemäß dem Pauli-Prinzip haben können. Daraus folgt für die Fermi-Wellenzahl, die zugleich den Radius der Fermi-Fläche eines freien Elektronengases angibt:

$$k_{\mathrm{F}} = \sqrt{\frac{2 \cdot \pi \cdot N}{A}} \, ,$$

wobei $L^2 = A$ gesetzt wurde.

Da Barium in der zweiten Hauptgruppe steht, kann jedes Atom dem Elektronengas zwei Elektronen zur Verfügung stellen. Damit erhalten wir für die Elektronen pro Flächeneinheit

$$\frac{N}{A} = \frac{2}{a^2} \, .$$

Der Radius der Fermi-Fläche ergibt sich somit zu

$$k_{\mathrm{F}} = \sqrt{4 \cdot \pi} \cdot \frac{1}{a} = 3{,}54 \cdot \frac{1}{a} \, ,$$

d.h., dass die Fermi-Fläche über die Begrenzungsfläche der ersten Brillouinzone hinaus geht. Für das erweiterte und das reduzierte Zonenschema erhalten wir die Bild 3.1a und Bild 3.1b:

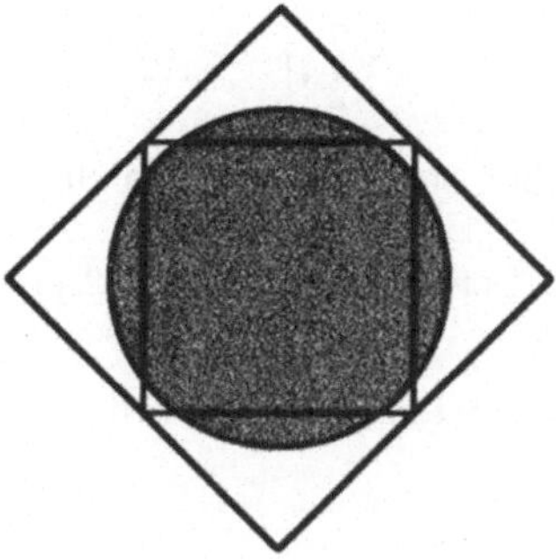

Bild 3.1a Fermi-Fläche für freie Elektronen im erweiterten Zonenschema

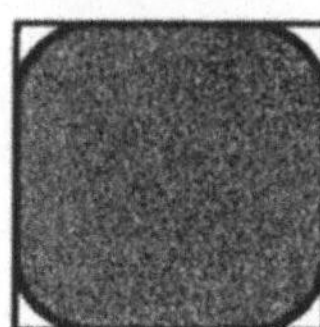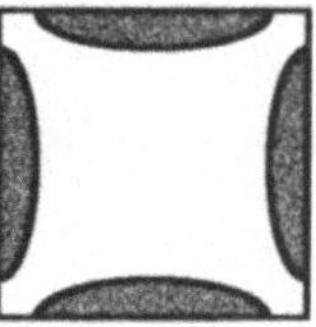

Bild 3.1b Fermi-Fläche für freie Elektronen im reduzierten Zonenschema (links: 1.Brillouinzone, rechts: 2.Brillouinzone). Die schattierten Flächen stellen besetzte Elektronenzustände dar.

Betrachten wir jedoch Fermi-Flächen von quasifreien Elektronen, so ist bei der Konstruktion zu beachten, dass die Fermi-Fläche die Zonengrenze fast immer senkrecht schneidet und scharfe Ecken der Fermi-Fläche durch das Kristallpotential abgerundet werden.

Fermi-Fläche für ein freies Elektronengas II

In der vorigen Aufgabe hatte die Fermi-Fläche die Begrenzung der ersten Brillouinzone überschritten. Berechnen Sie nun die Elektronendichte, die ein kubisch-flächenzentrierter Silberkristall haben müsste, damit die Fermi-Fläche gerade die erste Brillouinzone berührt. Die Gitterkonstante von Silber beträgt 0,408 nm.

Lösung:

Die primitiven Translationsvektoren des kubisch-flächenzentrierten Kristallgitters sind gegeben durch

$$r = \frac{a}{2}\begin{pmatrix} 0 & 1 & 1 \end{pmatrix}\ ;\ s = \frac{a}{2}\begin{pmatrix} 1 & 0 & 1 \end{pmatrix}\ ;\ t = \frac{a}{2}\begin{pmatrix} 1 & 1 & 0 \end{pmatrix}$$

Für das reziproke Gitter ergeben sich die Vektoren zu

$$A = \frac{2\cdot\pi}{a}\begin{pmatrix} -1 & 1 & 1 \end{pmatrix}\ ;\ B = \frac{2\cdot\pi}{a}\begin{pmatrix} 1 & -1 & 1 \end{pmatrix}\ ;\ C = \frac{2\cdot\pi}{a}\begin{pmatrix} 1 & 1 & -1 \end{pmatrix},$$

wodurch sich der Abstand zum nächsten Nachbarn mit

$$|A| = |B| = |C| = \frac{2\cdot\pi}{a}\cdot\sqrt{3}$$

berechnen lässt.

Der Rand der ersten Brillouinzone liegt bei

$$k_{\mathrm{BZ}} = \frac{\pi}{a}\cdot\sqrt{3}\ .$$

Die Zahl der Zustände, unter Berücksichtigung der periodischen Randbedingungen und der Spinorientierung,

$$N = 2\cdot\left(\frac{L}{2\cdot\pi}\right)^3\cdot\frac{4}{3}\,\pi\cdot k_{\mathrm{F}}^3$$

ermöglicht die Berechnung der Fermi-Wellenzahl, die dem Radius der Fermi-Kugel entspricht

$$k_{\mathrm{F}} = \left(3\pi^2\cdot\frac{N}{V}\right)^{1/3} = \left(3\pi^2\cdot n\right)^{1/3},$$

wobei $L^3 = V$ gesetzt wurde.

Soll nun die Fermi-Kugel den Rand der ersten Brillouinzone berühren, so gilt

$$k_{\mathrm{F}} = k_{\mathrm{BZ}}$$

und damit also

$$\left(3\pi^2\cdot n\right)^{1/3} = \frac{\pi}{a}\cdot\sqrt{3}\ .$$

Daraus erhalten wir den Ausdruck

$$n = \frac{\pi\cdot\sqrt{3}}{a^3}$$

und berechnen die Elektronendichte des kubisch-flächenzentrierten Silberkristalls zu

$$n = 8{,}01 \cdot 10^{22}\ \frac{1}{\text{cm}^3}\,.$$

Die Literatur gibt für einen Silberkristall eine Elektronendichte von $n = 5{,}85 \cdot 10^{22}$ $1/\text{cm}^3$ an. Rechnet man mit diesem Wert „rückwärts", so würde dies eine Fermi-Kugel mit einem Radius von

$$k_\text{F} = \left(3 \cdot \pi^2 \cdot n\right)^{1/3} = 1{,}20 \cdot 10^8\ \text{cm}$$

ergeben.

Zustandsdichte eines freien Elektronengases

Für bestimmte Fragestellungen ist die Kenntnis der Anzahl von Zuständen in einem Enegieintervall wichtig. Die Anzahl von möglichen Zuständen im Einheitsintervall bezeichnet man als Zustandsdichte $D(E)$. Berechnen Sie die Zustandsdichten für

a) Metalle,
b) Graphit und
c) ein lineares Molekül mit einem konjugierten Doppelbindungssystem.

Lösung:

Die Energie lässt sich durch

$$E = \frac{\hbar^2}{2m_\text{e}} \cdot k^2$$

berechnen, woraus wir für die Wellenzahl den Ausdruck

$$k = \left(\frac{2m_\text{e} \cdot E}{\hbar^2}\right)^{1/2}$$

erhalten.

a) Elektronen in Metallen lassen sich durch ein dreidimensionales Elektronengas beschreiben. Mit Hilfe der Randbedingungen für stehende Wellen lässt sich die Zahl der Zustände berechnen:

$$N(k) = 2 \cdot \left(\frac{L}{\pi}\right)^3 \cdot \frac{1}{8} \cdot \frac{4}{3} \cdot \pi \cdot k^3\,.$$

Setzen wir k in $N(k)$ ein, so erhält man

$$N(E) = \frac{1}{3} \cdot \frac{L^3}{\pi^2} \cdot \frac{\left(2m_\text{e}\right)^{3/2}}{\hbar^3} \cdot E^{3/2}\,.$$

Die Zustandsdichte berechnet sich mit Hilfe der Beziehung

$$D(E) = \frac{\mathrm{d}N(E)}{\mathrm{d}E}$$

zu

$$D(E) = \frac{L^3}{2 \cdot \pi^2} \cdot \frac{(2m_\mathrm{e})^{3/2}}{\hbar^3} \cdot \sqrt{E} \, ,$$

d.h., die Zustandsdichte ist proportional zu $\sqrt{E}$.

b) Aufgrund der schichtartigen Struktur von Graphit

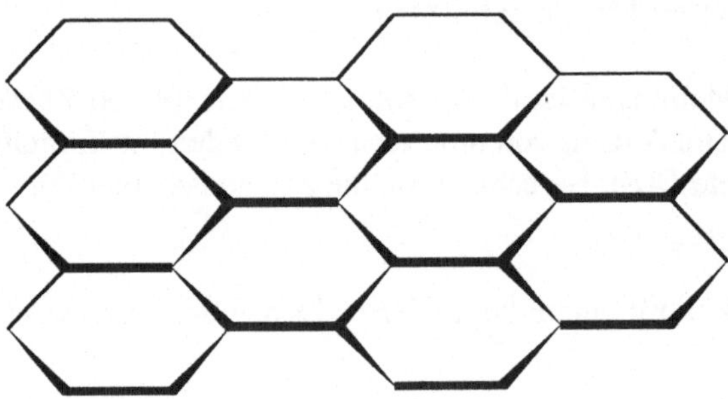

Bild 3.2   Ausschnitt aus der Graphitstruktur

können wir die Zustandsdichte über das zweidimensionale Elektronengasmodell bestimmen.

Hier erhalten wir für die Zahl der Zustände

$$N(k) = 2 \cdot \left(\frac{L}{\pi}\right)^2 \cdot \frac{1}{4} \cdot \pi \cdot k^2 \, .$$

Wir betrachten wieder Randbedingungen für stehende Wellen und setzen k ein. Somit ergibt sich der Ausdruck.

$$N(E) = \frac{1}{2} \cdot \frac{L^2}{\pi} \cdot \frac{2m_\mathrm{e}}{\hbar^2} \cdot E \, .$$

Die Zustandsdichte lässt sich damit berechnen zu

$$D(E) = \frac{L^2 m_\mathrm{e}}{\pi \cdot \hbar^2} \, ,$$

d.h., die Zustandsdichte ist in diesem Fall konstant und von der Energie unabhängig.

c) Der dritte Fall, ein lineares Molekül mit konjugierten Doppelbindungen, läßt sich unter Zuhilfenahme des eindimensionalen Elektronengasmodells berechnen. Wiederum betrachten wir das System unter den Randbedingungen stehender Wellen. Die Zahl der Zustände ergibt sich zu

$$N(k) = 2 \cdot \frac{L}{\pi} \cdot 2k \ .$$

Wir setzen k ein und erhalten

$$N(E) = 4 \cdot \frac{L}{\pi} \cdot \frac{\sqrt{2m_e}}{\hbar} \cdot \sqrt{E} \ .$$

Somit lässt sich die Zustandsdichte berechnen zu

$$D(E) = 2 \cdot \frac{L}{\pi} \cdot \frac{\sqrt{2m_e}}{\hbar} \cdot \frac{1}{\sqrt{E}} \ ,$$

d.h., die Zustandsdichte ist proportional zu $\dfrac{1}{\sqrt{E}}$.

Mittlere Energie von Elektronen im freien Elektronengas

Natrium stellt für das Elektronengas des Metalls je ein Elektron pro Atom zur Verfügung. Berechnen Sie die mittlere Energie pro Elektron für das Modell des
a) eindimensionalen,
b) zweidimensionalen und
c) dreidimensionalen Elektronengases.

Lösung:

Aufgrund ihres halbzahligen Spins unterliegen die Elektronen der Fermi-Dirac-Statistik mit der Verteilungsfunktion $f(E,T)$:

$$f(E,T) = \frac{1}{e^{(E-E_F)/k_B T} + 1} \ .$$

Sie gibt die Wahrscheinlichkeit an, dass ein Zustand der Energie E mit Elektronen besetzt ist.

Die Verteilungsfunktion flacht mit zunehmender Temperatur immer mehr ab. Zustände für $E > E_F$ werden besetzt und entsprechend fehlen diese Zustände für $E < E_F$.

In Bild 3.3 ist die Verteilungsfunktion für ein dreidimensionales Elektronengas bei verschiedenen Temperaturen skizziert.

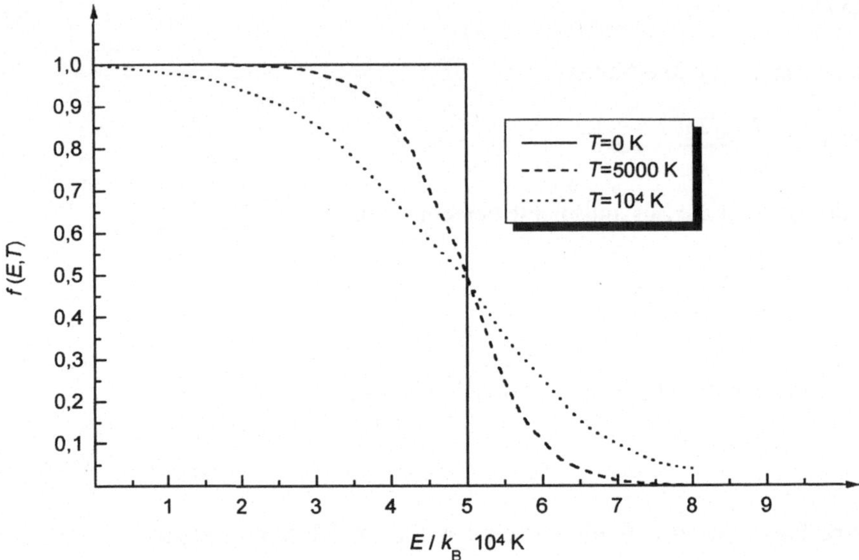

Bild 3.3   Fermi-Dirac-Verteilungsfunktion für ein dreidimensionales Elektronengas bei verschiedenen Temperaturen (— $T = 0$ K, - - - $T = 5000$ K, • • • $T = 1\cdot10^4$ K) mit einer Fermi-Temperatur $T_\mathrm{F} = 50000$ K.

Die Gesamtenergie der Elektronen ist gegeben durch

$$E_{\mathrm{ges}} = \int\limits_{0}^{E_\mathrm{F}} D(E)\cdot f(E,T)\cdot E\, \mathrm{d}E\ .$$

Die mittlere Energie pro Elektron läßt sich mit

$$\overline{E} = \frac{E_{\mathrm{ges}}}{N} = \frac{\int D(E)\cdot f(E,T)\cdot E\, \mathrm{d}E}{\int D(E)\cdot f(E,T)\, \mathrm{d}E}$$

berechnen, wobei N die Zahl der Elektronen angibt.

a) Für den eindimensionalen Fall erhalten wir mit Hilfe der Zustandsdichte aus der vorigen Aufgabe den Ausdruck

$$\overline{E} = \frac{\int a\cdot E^{-1/2}\cdot E\, \mathrm{d}E}{\int a\cdot E^{-1/2}\, \mathrm{d}E}$$

mit der Abkürzung

$$a = 2 \cdot \frac{L}{\pi} \cdot \frac{\sqrt{2m_e}}{\hbar}.$$

Für die mittlere Energie erhalten wir

$$\overline{E} = \frac{\int E^{1/2}\, dE}{\int E^{-1/2}\, dE} = \frac{1}{3} E_F.$$

b) Betrachten wir ein zweidimensionales Elektronengas, so ergibt sich für die mittlere Energie unter Zuhilfenahme der entsprechenden Zustandsdichte

$$\overline{E} = \frac{\int b \cdot E\, dE}{\int b\, dE} = \frac{1}{2} E_F,$$

wobei

$$b = \frac{L^2 m_e}{\pi \cdot \hbar^2}$$

gesetzt wurde.

c) Wollen wir schließlich die mittlere Energie für ein dreidimensionales Elektronengas berechnen, so erhalten wir mit Hilfe der Zustandsdichte und der Abkürzung

$$c = \frac{L^3}{2 \cdot \pi^2} \cdot \frac{(2m_e)^{3/2}}{\hbar^3}$$

den Ausdruck

$$\overline{E} = \frac{\int c \cdot E^{1/2} \cdot E\, dE}{\int c \cdot E^{1/2}\, dE} = \frac{3}{5} E_F.$$

Wir betrachten ein Metall und bestimmen die Größenordnungen der Fermi- und mittleren Energie eines freien Elektrons.

Hierzu nehmen wir eine Konzentration der Elektronen von etwa 10^{28} 1/m^3 an. Mit Hilfe der Elektronenmasse m_e lässt sich die Größenordnung der Fermi-Energie zu

$$E_F = \frac{\hbar^2}{2m_e} \cdot \left(3 \cdot \pi^2 \cdot n\right)^{2/3} \approx 3 \cdot 10^{-19}\ \text{J} \approx 2\ \text{eV}$$

ermitteln.

Für die mittlere Energie eines Elektrons erhalten wir

$$\overline{E} = \frac{3}{5} E_F \approx 1{,}2 \text{ eV}$$

Wir sehen, dass die Fermi-Energie immer sehr groß gegen $k_B T$ ist.
Bei Raumtemperatur (293 K) liegt $k_B T$ etwa in der Größenordnung von $4 \cdot 10^{-21}$ J bzw. 0,03 eV.

In der klassischen Betrachtungsweise erhalten wir die mittlere Energie zu

$$\overline{E} = \frac{3}{2} \cdot k_B T \,.$$

Infolge der klassischen Theorie müssten wir (für ein Elektron mit der Energie von etwa 2 eV) eine Temperatur von ungefähr 15000 K erhalten. Diese Temperatur liegt um einiges über der Schmelztemperatur der Metalle.

Die folgende Tabelle soll einen kleinen Überblick über die Fermi-Energie und Fermi-Temperatur einiger einwertiger Metalle geben:

Metall	$n \,[10^{28} \, 1/\text{m}^3]$	E_F [eV]	$T_F \,[10^4 \text{ K}]$
Li	4,62	4,70	5,45
Na	2,53	3,14	3,64
Cu	8,47	7,03	8,16
Ag	5,85	5,50	6,38
Au	5,90	5,52	6,41

Das freie Elektronengas kann erst ab einer sogenannten Entartungstemperatur T_E wie ein klassisches Gas behandelt werden.

Die Entartungstemperatur können wir durch Gleichsetzen der Terme für die mittlere und klassische Energie eines Elektrons über die Beziehung

$$\frac{3}{2} k_B T = \frac{3}{5} k_B T_F$$

berechnen zu

$$T = T_E = \frac{2}{5} T_F \,.$$

3.2 Thermische und elektrische Eigenschaften

Spezifische Wärme des Elektronengases

Nach der klassischen statistischen Mechanik sollten die freien Elektronen eine spezifische Wärme von $c_v= 3/2\ R$ liefern. Es zeigt sich jedoch, dass die spezifische Wärme am absoluten Nullpunkt verschwindet – und dass sie bei tiefen Temperaturen proportional zur absoluten Temperatur ist.

a) Berechnen Sie die spezifische Wärme von freien Elektronen in Silber bei 2 K. Die Fermi-Temperatur von Silber beträgt 63762 K.

b) Ermitteln Sie die gesamte spezifische Wärme für Silber bei dieser Temperatur. Die Debye-Temperatur von Silber beträgt 22 K.

c) Bestimmen Sie das Verhältnis der spezifischen Wärmen von Elektronen und Phononen bei 0,3 K; 2 K; 30 K und 300 K.

Lösung:

a) Für die innere Energie eines Elektronengases in einem Festkörper gilt

$$U = \int\limits_{0}^{\infty} f(E,T)\cdot D(E)\cdot E\,\mathrm{d}E\,,$$

wobei $f(E,T)$ die Fermi-Verteilung und $D(E)$ die Zustandsdichte freier Elektronen angibt. Formen wir die Gleichung um:

$$U = \int\limits_{0}^{\infty} f(E,T)\cdot D(E)\cdot(E-E_\mathrm{F})\,\mathrm{d}E \;+\; E_\mathrm{F}\int\limits_{0}^{\infty} f(E,T)\cdot D(E)\,\mathrm{d}E$$

und setzen für

$$\int\limits_{0}^{\infty} f(E,T)\cdot D(E)\,\mathrm{d}E = N_\mathrm{e}$$

(N_e ist hierbei die Gesamtzahl der Leitungselektronen), so erhalten wir für die spezifische Wärme eines Metalls mit

$$c_\mathrm{v} = \left(\frac{\partial U}{\partial T}\right)_\mathrm{v}$$

den Ausdruck

$$c_{\mathrm{v}} = \int\limits_{0}^{\infty} \frac{\partial}{\partial T}(f(E,T)) \cdot D(E) \cdot (E - E_{\mathrm{F}}) \, \mathrm{d}E \ .$$

Nach Ausführung der Differenziation und mit Hilfe der Vereinfachung

$$x = \frac{(E - E_{\mathrm{F}})}{k_{\mathrm{B}}T}$$

folgt für die spezifische Wärme

$$c_{\mathrm{v}} = D(E_{\mathrm{F}}) \cdot k_{\mathrm{B}}^{2}T \cdot \int\limits_{-\infty}^{\infty} x^2 \frac{\mathrm{e}^x}{(\mathrm{e}^x + 1)^2} \, \mathrm{d}x \ .$$

Die Zustandsdichte darf in guter Näherung durch den konstanten Wert für $E = E_{\mathrm{F}}$ ersetzt werden. Die untere Grenze des Integrals können wir nach $-\infty$ verschieben, ohne dass der Wert des Integrals verändert wird.

Das Integral wird

$$\int\limits_{-\infty}^{\infty} x^2 \frac{\mathrm{e}^x}{(\mathrm{e}^x + 1)^2} \, \mathrm{d}x = \frac{\pi^2}{3} \ ,$$

wodurch wir die spezifische Wärme erhalten:

$$c_{\mathrm{v}} = \frac{\pi^2}{3} \cdot D(E_{\mathrm{F}}) \cdot k_{\mathrm{B}}^{2}T \ .$$

Die Berechnung der Zustandsdichte für freie Elektronen ergab

$$D(E) = \frac{L^3}{2 \cdot \pi^2} \left(\frac{2m_{\mathrm{e}}}{\hbar^2} \right)^{3/2} \cdot \sqrt{E} \ .$$

Mit

$$E = E_{\mathrm{F}} = \frac{\hbar^2}{2m_{\mathrm{e}}} \left(3 \cdot \pi^2 \cdot \frac{N_{\mathrm{e}}}{V} \right)^{2/3}$$

erhalten wir schließlich

$$c_{\mathrm{v}} = \frac{\pi^2}{2} N_{\mathrm{e}} k_{\mathrm{B}} \cdot \frac{T}{T_{\mathrm{F}}} \ .$$

Betrachten wir 1 Mol eines Metalls, so ergibt sich für die molare spezifische Wärme

$$c_{\mathrm{v}} = \frac{\pi^2}{2} \cdot \frac{N_{\mathrm{e}}}{N} \cdot R \cdot \frac{T}{T_{\mathrm{F}}} \ .$$

Bei einwertigen Metallen ist die Zahl der Elektronen N_e gleich der Zahl der Gitteratome N im Kristall. Da Silber ein Elektron pro Atom an das Elektronengas abgibt, erhalten wir

$$c_v = 12{,}87 \cdot 10^{-4} \ \frac{J}{mol \cdot K} \ .$$

b) Für Temperaturen oberhalb der Debye-Temperatur ist der Beitrag der Phononen zur spezifischen Wärme des Metalls $3R$. In diesem Temperaturbereich ist der Beitrag der Leitungselektronen viel kleiner als der der Phononen, da in die Überlegungen nur Elektronen in der Nähe des Fermi-Niveaus miteinbezogen werden. Im Vergleich zur Gesamtzahl der Elektronen ist diese Zahl relativ klein.

Für tiefere Temperaturen hingegen ist der Beitrag der Elektronen mit dem der Phononen vergleichbar. Die gesamte spezifische Wärme des Metalls lässt sich berechnen zu

$$c_{v,ges} = c_{v,el} + c_{v,ph} = \frac{\pi^2}{2} R \frac{T}{T_F} + \frac{12 \cdot \pi^4}{5} R \cdot \left(\frac{T}{\Theta_D} \right)^3 \ .$$

Für Silber erhalten wir somit

$$c_{v,ges} = 26{,}52 \cdot 10^{-4} \ \frac{J}{mol \cdot K} \ .$$

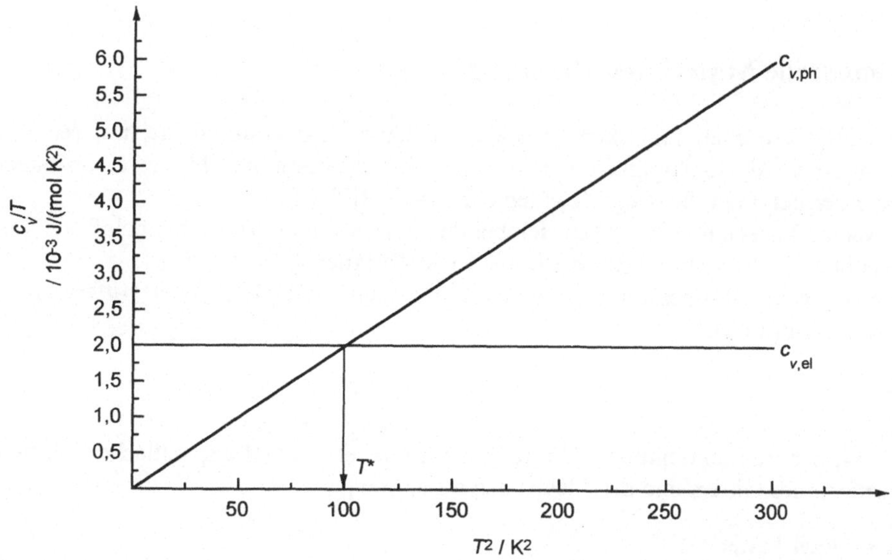

Bild 3.4 c_v/T in Abhängigkeit von T^2 für Elektronen- und Phonenanteil zur spezifischen Wärme

In Bild 3.4 ist c_v/T für Elektronen- und Phononenanteil in Abhängigkeit von T^2 aufgetragen. Der Beitrag der Elektronen bleibt konstant, der des Gitters steigt linear mit T^2. Bei einer Temperatur T^* ist der Anteil von Phononen und Elektronen gleich.

c) Für das Verhältnis der spezifischen Wärmen von Elektronen- und Phononenanteil erhalten wir

$$\frac{c_{v,el}}{c_{v,ph}} = \frac{5}{24 \cdot \pi^2} \cdot \frac{\Theta_D^3}{T_F} \cdot \frac{1}{T^2} .$$

Die einzelnen Verhältnisse wurden berechnet und in die folgende Tabelle eingetragen. Es ist zu bemerken, dass für 300 K die klassische Näherung angesetzt wurde; d.h., das Verhältnis hier ergibt sich zu

$$\frac{c_{v,el}}{c_{v,ph}} = \frac{\pi^2}{6} \cdot \frac{T}{T_F} .$$

$c_{v,el} / c_{v,ph}$	T [K]
41,90	0,3
0,943	2
0,042	30
0,0077	300

Experimentelle Materialbestimmung

In einem physikalischen Praktikum wurden bei tiefen Temperaturen die molaren spezifischen Wärmen in Abhängigkeit von der Temperatur bestimmt. Für zwei unbekannte Materialien erhielt man die nachfolgenden Kurven in Bild 3.5.
a) Um welche Materialien könnte es sich bei den untersuchten Proben handeln?
b) Berechnen Sie die Debye-Temperatur beider Materialien.
Bestimmen Sie die Temperatur bei der der Elektronenanteil gleich dem Gitteranteil zur spezifischen Wärme ist.

Lösung:

a) Für Temperaturen unterhalb der Debye-Temperatur setzt sich die spezifische Wärme aus den Beiträgen des Gitters und der Elektronen zusammen

$$c_{v,ges} = c_{v,el} + c_{v,ph} .$$

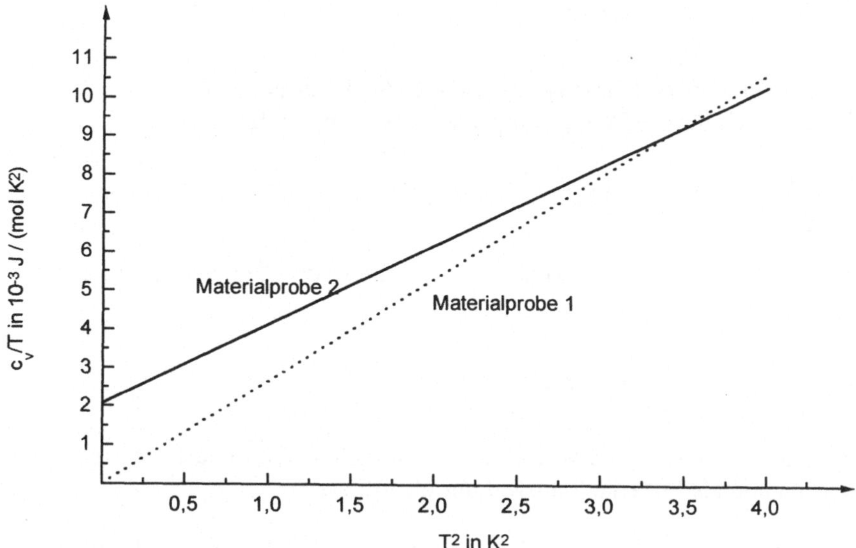

Bild 3.5   Untersuchung der spezifischen Wärme

Die Gleichung lässt sich mit Hilfe der Darstellung

$$\frac{c_{v,ges}}{T} = \alpha + \beta \cdot T^2$$

in Form einer Geraden bearbeiten, wobei

$$\alpha = \frac{\pi^2}{2} \cdot \frac{R}{T_F}$$

den Ordinatenabschnitt und

$$\beta = \frac{12 \cdot \pi^4}{5} \cdot \frac{R}{\Theta_D^3}$$

die Steigung der Geraden angibt.

Da für Material 1 der Ordinatenabschnitt Null ist, muss es sich hierbei um einen Isolator oder einen reinen Halbleiter handeln. Die Elektronen tragen nicht zur spezifischen Wärme bei.

Material 2 hingegen weist einen Elektronenanteil auf. Es kann sich somit nur um ein Metall handeln.

b) Die Debye-Temperatur der beiden Materialien lässt sich aus der Steigung der Geraden ermitteln. Es gilt

$$\frac{c_{v,ph}}{T} = \frac{12\cdot\pi^4}{5}\cdot\frac{R}{\Theta_D^3}\cdot T^2 = \beta\cdot T^2$$

Die Steigung der ersten Kurve beträgt $\beta_1 = 2{,}66\cdot 10^{-3}$ J/(mol·K^4).
Somit ergibt sich für die Debye-Temperatur des ersten Stoffs zu

$$\Theta_{D,1} = \sqrt[3]{\frac{12\cdot\pi^4}{5}\cdot R\cdot\frac{1}{\beta_1}} = 90\ \text{K}\,.$$

Mit $\beta_2 = 2{,}58\cdot 10^{-3}$ J/(mol·K^4) erhalten wir für die Debye-Temperatur des zweiten Stoffs den Wert

$$\Theta_{D,2} = \sqrt[3]{\frac{12\cdot\pi^4}{5}\cdot R\cdot\frac{1}{\beta_2}} = 91\ \text{K}\,.$$

Schlägt man in Tabellen die Werte für die ermittelten Werte nach, so kann man Material 1 als Selen und als Material 2 als Kalium identifizieren.

c) Soll der Elektronenanteil zur spezifischen Wärme gleich dem Anteil der Phononen sein, so schreiben wir

$$\frac{c_{v,el}}{T} = \frac{c_{v,ph}}{T}\ ,\ \text{d.h.}\ \alpha_2 = \beta_2\cdot T^2\,,$$

da Selen keinen Elektronenbeitrag liefert.
Für die entsprechende Temperatur erhalten wir

$$T = \sqrt{\frac{\alpha_2}{\beta_2}} = \sqrt{\frac{2{,}08}{2{,}57}}\ \text{K} = 0{,}81\ \text{K}\,.$$

Reinheitsgrad eines Kristalls

Zur Bestimmung des Reinheitsgrades eines Kristalls wird der spezifische Widerstand bei tiefen Temperaturen gemessen. Am Beispiel von zwei Natriumproben mit unterschiedlicher Störstellenkonzentration ergaben sich folgende Werte

$\rho/\rho(290\ \text{K})$ in 10^{-3}	0,79	0,79	0,79	-	0,83	0,96	1,21	1,63	2,17	4,63
$\rho/\rho(290\ \text{K})$ in 10^{-3}	0,38	0,38	0,38	0,40	0,41	0,58	0,79	1,17	1,54	3,88
T in K	2,57	4,14	5,29	7,00	7,29	10,7	12,9	14,7	16,6	20,6

Hierbei wurde der spezifische Widerstand der Natriumprobe (bezogen auf den Wert bei Raumtemperatur (290 K)) in Abhängigkeit von der Temperatur bestimmt.

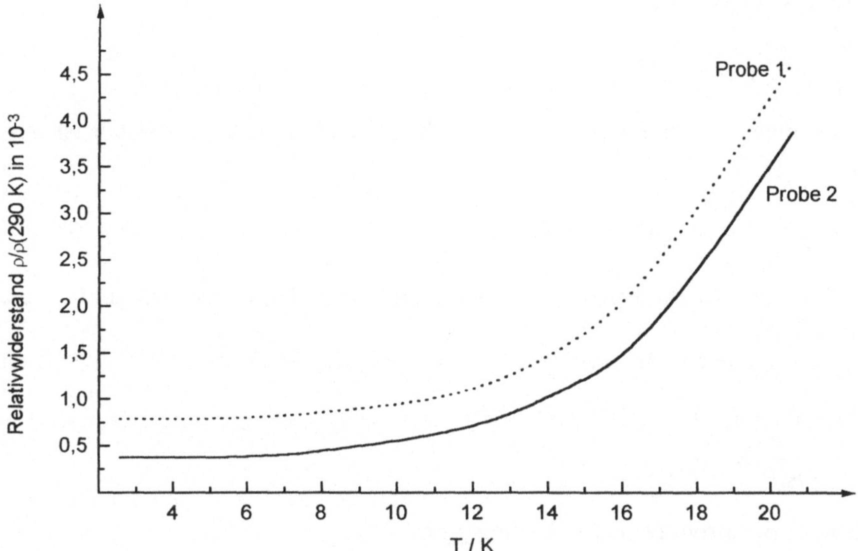

Bild 3.6   Relativwiderstand in Abhängigkeit von der Temperatur bei unterschiedlicher Reinheit

Ermitteln Sie zunächst den spezifischen Widerstand der zweiten Natriumprobe bei 7 K. Die elektrische Leitfähigkeit der Probe bei 290 K beträgt $2{,}34{\cdot}10^5$ $1/(\Omega{\cdot}\mathrm{cm})$.

Berechnen Sie dann mit Hilfe des Drude-Modells die Relaxationszeit und die mittlere freie Weglänge für die zweite Probe.

Treffen Sie eine allgemeine Aussage über den Reinheitsgrad dieser Probe und stellen Sie einen Vergleich mit der ersten Natriumprobe an.

Lösung:

Der Relativwiderstand bei 7 K ist gegeben durch

$$\frac{\rho_{\mathrm{Na}}(7\,\mathrm{K})}{\rho_{\mathrm{Na}}(290\,\mathrm{K})} = 0{,}4\cdot10^{-3}\,.$$

Mit Hilfe der elektrischen Leitfähigkeit lässt sich der spezifische Widerstand zunächst bei 290 K berechnen

$$\rho_{\mathrm{Na}}(290\,\mathrm{K}) = \frac{1}{\sigma_{\mathrm{Na}}(290\,\mathrm{K})} = 4{,}27\cdot10^{-6}\ \Omega{\cdot}\mathrm{cm}.$$

Für den spezifischen Widerstand bei 7 K erhalten wir schließlich

$$\rho_{\mathrm{Na}}(7\,\mathrm{K}) = 1{,}708 \cdot 10^{-9}\ \Omega\cdot\mathrm{cm}.$$

Unter dem Einfluss eines äußeren elektrischen Feldes E bewegt sich ein Elektron gemäß der Bewegungsgleichung

$$m_{\mathrm{e}} \cdot \frac{\mathrm{d}v}{\mathrm{d}t} + \frac{m_{\mathrm{e}}}{\tau} \cdot v_{\mathrm{D}} = -e \cdot E \,.$$

Die hemmende Wirkung der Bewegung durch Stoßprozesse im Kristall ist durch den Ausdruck

$$\frac{m_{\mathrm{e}}}{\tau} \cdot v_{\mathrm{D}}$$

berücksichtigt. v_{D} ist hierbei die Driftgeschwindigkeit der Elektronen und t deren Relaxationszeit.

Für den stationären Fall ($\mathrm{d}v/\mathrm{d}t = 0$) erhalten wir für die Driftgeschwindigkeit die Gleichung

$$v_{\mathrm{D}} = -\frac{e \cdot \tau}{m_{\mathrm{e}}} \cdot E$$

und somit für die Stromdichte j in Richtung des Feldes

$$j = -e \cdot n \cdot v_{\mathrm{D}} = \frac{e^2 \cdot \tau \cdot n}{m_{\mathrm{e}}} \cdot E \,.$$

Ein Vergleich mit dem Ohmschen Gesetz ($j = \sigma \cdot E$), das einen Zusammenhang zwischen Stromdichte und elektrischer Feldstärke herstellt, liefert uns einen Ausdruck für die elektrische Leitfähigkeit

$$\sigma = \frac{e^2 \cdot \tau \cdot n}{m_{\mathrm{e}}}$$

und für den spezifischen Widerstand

$$\rho = \frac{1}{\sigma} = \frac{m_{\mathrm{e}}}{e^2 \cdot \tau \cdot n} \,.$$

Die Elektronendichte n für Metalle ist temperaturunabhängig und lässt sich mit Hilfe der Beziehung

$$n = \frac{N}{V} = \frac{N_{\mathrm{A}} \cdot \rho \cdot z}{M}$$

berechnen.

Gehen wir davon aus, daß jedes Natriumatom dem Elektronengas ein Elektron zur Verfügung stellt ($z = 1$), so erhalten wir die Elektronendichte für den Natrium-Kristall

$$n = 2{,}54 \cdot 10^{22}\ \frac{1}{\mathrm{cm}^3} \,.$$

In dieser vereinfachten Modellvorstellung nach Drude (um 1900) geht man davon aus, dass alle freien Elektronen zum Stromfluss beitragen. Dies steht jedoch im Widerspruch zum Pauli-Prinzip. Elektronen weit unterhalb des Fermi-Niveaus können keine Energie aufnehmen, da energetisch höhere Zustände besetzt sind.

Daher muss der Ausdruck für die materialspezifische Größe, die elektrische Leitfähigkeit, modifiziert werden. Dies ist der Fall, wenn die elektrische Leitfähigkeit eines Metalls auf ein Flächenintegral über die Fermi-Fläche $E(k) = E_F$ im k-Raum zurückgeführt wird. Es treten dann nur noch die Fermi-Geschwindigkeit und die Relaxationszeiten von Elektronen an der Oberfläche der Fermi-Kugel in den Gleichungen auf.

Für die elektrische Leitfähigkeit und für den spezifischen Widerstand folgt

$$\sigma = \frac{e^2 \cdot \tau(E_F) \cdot n}{m_e} \ , \ \rho = \frac{m_e}{e^2 \cdot \tau(E_F) \cdot n} \ .$$

Statt der Elektronenmasse m_e geht nun die effektive Masse m_e^* in die Gleichungen ein. Diese Beziehungen sind den im Drude-Modell ermittelten sehr ähnlich, so dass das Drude-Modell vielfach sehr befriedigende Ergebnisse liefert.

Berechnen wir nun die Relaxationszeit im Rahmen dieses Modells, so erhalten wir

$$\tau = \frac{m_e}{e^2 \cdot \rho_{Na}(7K) \cdot n} = 8{,}18 \cdot 10^{-11} \ s \ .$$

Da an den Stoßprozessen nur Elektronen am Rande der Fermi-Kugel teilnehmen, ist deren Geschwindigkeit der Fermi-Geschwindigkeit gleichzusetzen und die mittlere freie Weglänge

$$l = v_F \cdot \tau = \frac{\hbar \cdot k_F}{m_e} \cdot \tau$$

ergibt sich mit Hilfe der Beziehung

$$k_F = (3 \cdot \pi^2 \cdot n)^{1/3}$$

zu

$$l = 8{,}61 \cdot 10^{-5} \ m \ .$$

Der spezifische Widerstand ist von der Temperatur des Metalls abhängig. Die Elektronen werden durch Gitterschwingungen (Phononen) und an Störungen des Kristallgitters (Verunreinigungen) gestreut.

Der durch die Elektronenstreuung an Störstellen bedingte Widerstand ist von der Temperatur praktisch unabhängig und tritt bei sehr tiefen Temperaturen alleine in Erscheinung. Man bezeichnet ihn auch als Restwiderstand.

Wie Bild 3.6 zeigt, ist unterhalb von etwa 8 K der temperaturunabhängige Restwiderstand zu erkennen. Dieser hängt nur noch von der Störstellenkonzentration in der Probe ab.

Dies bedeutet, dass die zweite Probe einen höheren Reinheitsgrad besitzt als die erste Probe.

Soll eine allgemeine Aussage über den Reinheitsgrad getroffen werden, so vergleichen wir die mittlere freie Weglänge l mit der entsprechenden Gitterkonstanten a. Für $l \approx a$ enthält der Kristall mehr, für $l \gg a$ kaum Störstellen.

Hall-Konstante von Kupfer

Mit Hilfe des Hall-Effektes und des damit verbundenen Hall-Koeffizienten können einige physikalische Größen ermittelt werden.

Berechnen Sie den Hall-Koeffizienten für Kupfer. Gehen Sie davon aus, dass ein Kupferatom ein Elektron an das freie Elektronengas abgibt. Kupfer besitzt einen kubisch-flächenzentrierten Kristallaufbau mit der Gitterkonstanten $a = 0{,}361$ nm.

Lösung:

Aus der Gleichung für die Hall-Spannung

$$U_\mathrm{H} = -\frac{1}{n \cdot e} \cdot j_x B_z b$$

ergibt sich die Definition für den Hall-Koeffizienten zu

$$R_\mathrm{H} = -\frac{1}{n \cdot e} \cdot$$

Mit Hilfe dieser Konstanten können die Ladungsträgerkonzentration n (insbesondere bei Halbleitern), das Vorzeichen der Ladungsträger (Löcher- oder Elektronenleitung) und die Ladungsträgerbeweglichkeit μ ermittelt werden.

Da Kupfer eine fcc-Struktur besitzt, befinden sich vier Kupferatome in einer Elementarzelle (8 Atome zu je 1/8, 6 Atome zu je 1/2). Somit werden pro Elementarzelle vier Elektronen an das freie Elektronengas abgegeben.

Die Ladungsträgerkonzentration beträgt demnach

$$n_\mathrm{Cu} = \frac{N}{V} = \frac{N}{a^3} = 8{,}50 \cdot 10^{28} \, \frac{1}{\mathrm{m}^3} \cdot$$

Für den Hall-Koeffizienten erhalten wir dann

$$R_\mathrm{H} = -7{,}34 \cdot 10^{-11} \, \frac{\mathrm{m}^3}{C} \cdot$$

Wiedemann-Franzsches Gesetz

Für Metalle ist bei nicht zu tiefen Temperaturen das Verhältnis aus der thermischen und der elektrischen Leitfähigkeit direkt proportional zur Temperatur.

a) Berechnen Sie auf der Grundlage des Wiedemann-Franzschen Gesetzes die Proportionalitätskonstante.

b) Sie haben einen verunreinigten Kupferkristall (jedes 1000-te Atom ist durch ein Fremdatom ersetzt) mit der Gitterkonstante $a = 0{,}361$ nm. Ermitteln Sie für $T = 0$ K die elektrische und thermische Leitfähigkeit und diskutieren Sie die Gültigkeit des Gesetzes für tiefe Temperaturen.

c) Betrachten Sie qualitativ die Verhältnisse für Diamant.

Lösung:

a) Nach dem Drude-Modell ergibt sich für die elektrische Leitfähigkeit der Ausdruck

$$\sigma = \frac{n \cdot e^2 \cdot \tau_{el}}{m_e},$$

wobei τ_{el} die Relaxationszeit für elektrische Leitungsprozesse angibt. Die thermische Leitfähigkeit wird durch die Gleichung

$$\lambda = \frac{\pi^2}{3} \cdot N \cdot k_B^2 \cdot T \cdot \frac{\tau_{th}}{m_e}$$

beschrieben. Hierbei ist τ_{th} die Relaxationszeit für den Wärmetransport. Bilden wir das Verhältnis aus thermischer und elektrischer Leitfähigkeit, so erhalten wir

$$\frac{\lambda}{\sigma} = \frac{\pi^2}{3} \cdot \left(\frac{k_B}{e}\right)^2 \cdot T .$$

Die Proportionalitätskonstante

$$L = \frac{\pi^2}{3} \cdot \left(\frac{k_B}{e}\right)^2 = 2{,}45 \cdot 10^{-8} \ \frac{\text{W}\Omega}{\text{K}^2}$$

wird Lorenz-Zahl L genannt und ist vom jeweiligen Metall unabhängig. Diese Tatsache bestätigt das Bild des freien Elektronengases.

b) Wie aus der Gleichung für die thermische Leitfähigkeit (aus Teil a)) hervorgeht, ist diese für $T = 0$ K gleich Null. Bei tiefen Temperaturen wird die Streulänge der Elektronen durch die Defektkonzentration bestimmt. Da jedes 1000ste Atom durch ein Fremdatom ersetzt ist, beträgt die mittlere freie Weglänge $l = 1000 \cdot a$, wobei a die Gitterkonstante des Kristalls ist.

Für die elektrische Leitfähigkeit von Kupfer erhalten wir mit

$$\sigma = \frac{n \cdot e^2 \cdot \tau_{el}}{m_e}$$

und der Beziehung für die Relaxationszeit bei elektrischen Leitungsprozessen

$$\tau_{el} = \frac{l}{v_F} = \frac{1000 \cdot a}{\dfrac{\hbar}{m_e} \cdot \left(3 \cdot \pi^2 \cdot n\right)^{1/3}}$$

den Wert für die elektrische Leitfähigkeit zu

$$\sigma = 4{,}28 \cdot 10^8 \ \frac{1}{\Omega \cdot m}$$

Für Temperaturen $T \gg \Theta_D$ wird das Wiedemann-Franzsche Gesetz durch Experimente relativ gut bestätigt, da

$$\tau_{el} \approx \tau_{th}$$

gilt.

Bei tiefen Temperaturen ($T \ll \Theta_D$) nimmt der Wert für die Lorenz-Zahl im Allgemeinen ab. Der Grund hierfür liegt in den unterschiedlichen Relaxationszeiten der thermischen und elektrischen Leitfähigkeit. Hier gilt

$$\tau_{el} \gg \tau_{th}$$

Somit wird $L^* \ll L$, wobei L^* die „Lorenz-Zahl" bei tiefen Temperaturen angibt.

c) Die gesamte thermische Leitfähigkeit eines Festkörpers setzt sich aus der thermischen Leitfähigkeit des Gitters und der des Elektronengases zusammen. Das Wiedemann-Franzsche Gesetz bezieht sich ausschließlich auf den Beitrag der Leitungselektronen

Bei Diamant erfolgt die Wärmeleitung jedoch ausschließlich über Phononen. Das Gesetz findet also für Isolatoren keine Anwendung. Somit steht die Tatsache, dass Diamant ein sehr guter Isolator und zugleich ein hervorragender Wärmeleiter ist, nicht im Widerspruch zum Wiedemann-Franzschen Gesetz.

4 Halbleiter

4.1 Eigenleitung

Herstellung intrinsischer Halbleiter

Zur Darstellung von Germanium dient Germanit, ein Kupfereisengermanat der Zusammensetzung $Cu_6FeGe_2S_8$. Die Hochreinigung des Halbleiters erfolgt durch ein Zonenschmelzverfahren.

Germanium besitzt bei 300 K eine intrinsische Ladungsträgerkonzentration von $n_i = 1,84 \cdot 10^{13}$ 1/cm^3. Der maximal erzielbare Reinheitsgrad ist jedoch durch 0,01 ppb Verunreinigungen beschränkt.

Gelingt die Herstellung eines intrinsischen Halbleiters?

Betrachten Sie im Vergleich die Herstellung von intrinsischem Silicium bei 300 K, wenn die intrinsische Trägerkonzentration von Silicium $6,6 \cdot 10^9$ 1/cm^3 beträgt.

($\rho_{Ge} = 5,33$ g/cm^3, $M_{Ge} = 72,59$ g/mol; $\rho_{Si} = 2,33$ g/cm^3, $M_{Si} = 28,08$ g/mol)

Lösung:

In einem Mol Germanium, d.h. in 72,59 g, sind $6,022 \cdot 10^{23}$ Atome pro cm^3 enthalten. In 5,33 g sind jedoch nur $4,42 \cdot 10^{22}$ Atome pro cm^3 enthalten.

Der untersuchte Kristall enthält 0,01 ppb Verunreinigungen. Somit ergeben sich die vorhandenen Störstellen zu

$$n_{Stör} = 4,42 \cdot 10^{11} \text{ 1/cm}^3.$$

Da also $n_{Stör} \ll n_i$ ist, kann der Germanium-Kristall intrinsisch hergestellt werden.

Im Gegensatz hierzu gelingt die intrinsische Darstellung eines Silicium-Kristalls nicht, da in 2,33 g Silicium $4,99 \cdot 10^{22}$ Atome pro cm^3 enthalten sind.

Die Konzentration der Störstellen beträgt hier

$$n_{Stör} = 4,99 \cdot 10^{11} \text{ 1/cm}^3.$$

Hier ist $n_{Stör} \gg n_i$.

Innerer Photoeffekt bei Halbleitern

In Physik und Technik verwendet man Detektoren, deren Wirkungsweise auf dem inneren Photoeffekt bei Halbleitern beruht.

Ein Germanium-Kristall (E_G = 0,66 eV) wird einer elektromagnetischen Strahlung ausgesetzt. Berechnen Sie die Wellenlänge der Strahlung, die nötig ist, damit es überhaupt zu einem inneren Photoeffekt kommt.

Wie dick muss der Kristall sein, wenn er nur 1/1000 der einfallenden Strahlungsleistung durchlassen soll und dabei mit einer Wellenlänge von λ = 1,2 µm bestrahlt wird? Wir erhalten für das Material folgenden (qualitativen) Verlauf der α-λ-Beziehung.

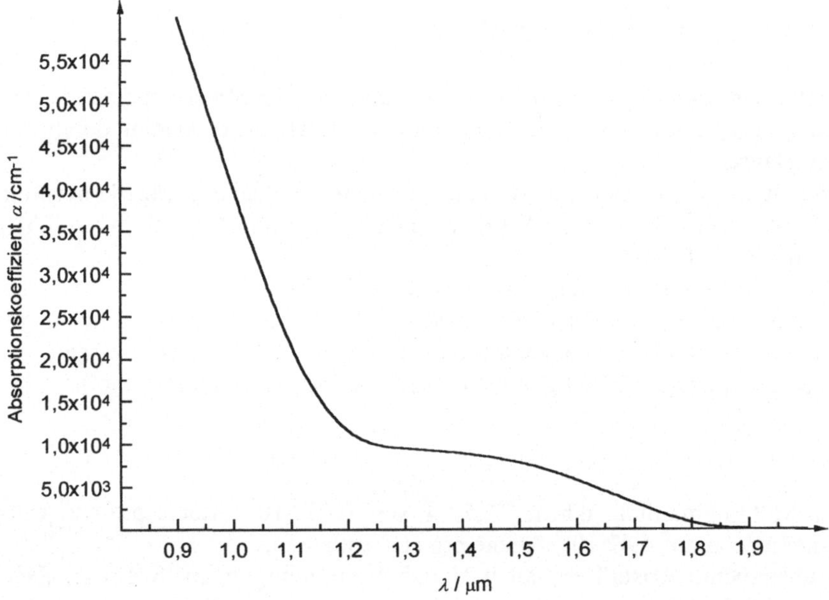

Bild 4.1   Abhängigkeit des Absorptionskoeffizienten α von der Wellenlänge λ

Lösung:

Statt durch thermische Energie (siehe nächste Aufgabe) kann man durch Lichtenergie Ladungsträger im Halbleiterkristall erzeugen

Durch die Absorption eines Photons wird ein Elektron vom Valenzband ins Leitungsband angehoben. Dies ist allerdings erst dann zu realisieren, wenn die Energie der Photonen mindestens so groß ist wie die Energie der Bandlücke des Halbleiters.

Es muss also gelten

$$E_{Ph} \geq E_G \,.$$

Für die notwendige Wellenlänge erhalten wir dann

$$\lambda \le \frac{h \cdot c}{E_{\mathrm{G}}}.$$

Bei Verwendung eines Germanium-Kristalls ergibt sich die Wellenlänge zu

$$\lambda \le 1{,}88 \cdot 10^{-6}\ \mathrm{m}.$$

Verwendet man jedoch eine Wellenlänge von $1{,}2 \cdot 10^{-6}$ m, so entnimmt man der Abbildung einen Absorptionskoeffizienten von $\alpha = 1{,}25 \cdot 10^4$ 1/cm. Soll der Kristall nur noch 1/1000 der einfallenden Strahlungsleistung durchlassen, so können wir mit Hilfe der Gleichung

$$\Phi = \Phi_0 \cdot \mathrm{e}^{-\alpha \cdot d}$$

die Dicke des Germanium-Kristalls berechnen zu

$$d = \frac{1}{\alpha} \cdot \ln \frac{\Phi_0}{\Phi} = 0{,}55\ \mathrm{cm}.$$

Temperaturabhängigkeit eines NTC-Widerstandes

Im Rahmen eines Physik-Praktikums soll die Temperaturabhängigkeit eines NTC-Widerstandes bestimmt und daraus der Temperaturkoeffizient $\alpha_{\mathrm{NTC}}(313\ \mathrm{K})$ berechnet werden. Dabei wurden folgende Messwerte aufgenommen:

T_{Wasser} / °C	20	30	40	50	60	70	80	90
R / kΩ	12	8,2	5,7	4,0	2,8	2,1	1,6	1,2

Lösung:

Halbleiter leiten, im Gegensatz zu den Metallen, den elektrischen Strom um so besser, je höher die Temperatur des Materials ist. Die meisten Halbleiter besitzen einen negativen Temperaturkoeffizienten a und werden als Heißleiter, auch NTC-Widerstände genannt, verwendet.
Die Abnahme des elektrischen Widerstandes bzw. der Anstieg der elektrischen Leitfähigkeit bei einer Temperaturerhöhung ist mit der Anhebung von Elektronen aus dem Valenzband ins Leitungsband verknüpft. Zur Herstellung von Heißleitern werden meist Oxide der Übergangsmetalle (z.B. Eisen, Cobalt, Nickel oder Kupfer) verwendet.

Für die Temperaturabhängigkeit des Widerstandes gilt

$$R(T) = R(T_0) \cdot \mathrm{e}^{\left(\frac{B}{T} - \frac{B}{T_0} \right)},$$

wobei $R(T_0)$ der Kaltwiderstand (meist bezogen auf 20°C) des Materials und B eine materialabhängige Konstante ist.

Durch Logarithmieren und Umformen lässt sich die Konstante aus der Steigung berechnen zu

$$B = -\frac{\Delta \ln R(T)}{\Delta\left(\dfrac{1}{T}\right)} \quad \text{mit} \quad (T > T_0) \; .$$

Mit Hilfe von Bild 4.2 lässt sich die Konstante zu $B = -3493{,}8$ K ermitteln:

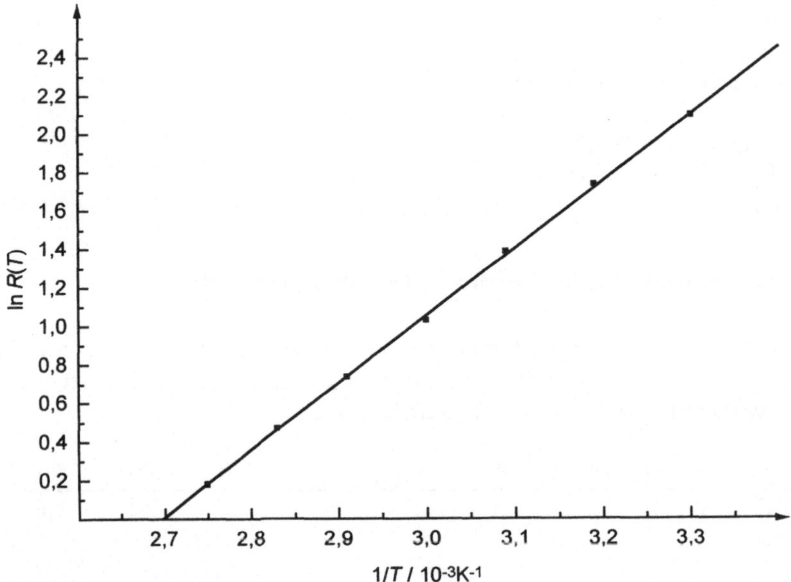

Bild 4.2   Temperaturabhängigkeit eines NTC-Widerstandes

Für den Temperaturkoeffizienten erhalten wir mit

$$\alpha_{\text{NTC}} = \frac{B}{T^2}$$

für 313 K einen Wert von

$$\alpha_{\text{NTC}} = -3{,}57 \cdot 10^{-2} \; \text{K}^{-1} \; .$$

Bandlücke und Fermi-Energie bei reinen Halbleitern

Die Ladungsträgerdichte im Leitungsband eines reinen Silicium-Halbleiters bei einer Temperatur von 300 K beträgt $6{,}6 \cdot 10^9$ 1/cm^3. Ermitteln Sie die Energie der Bandlücke und die Lage des Fermi-Niveaus bei dieser Temperatur.

Die effektiven Massen der Elektronen bzw. der Löcher sind $m_e{}^* = 1{,}08 \cdot m_e$ und $m_p{}^* = 0{,}59 \cdot m_p$.

Lösung:

Hier liegt ein reiner Elementhalbleiter vor. Halbleiter, bei denen bereits bei normalen Temperaturen Elektronen durch Anregung aus dem Valenzband ins Leitungsband gelangen bezeichnet man als intrinsisch. Die dadurch bedingte Leitfähigkeit nennt man auch Eigenleitung.

Auch im Halbleiter unterliegt die Besetzung der Energieniveaus der Fermi-Dirac-Statistik. Dadurch ergibt sich für die Elektronenkonzentration im Leitungsband

$$n = \int\limits_{E_L}^{\infty} D_L(E) \cdot f(E,T)\, dE$$

und für die Löcherkonzentration im Valenzband

$$p = \int\limits_{-\infty}^{E_V} D_V(E) \cdot \left[1 - f(E,T)\right] dE\,,$$

wobei $D_L(E)$ und $D_V(E)$ die entsprechenden Zustandsdichten des Leitungs- bzw. Valenzbandes sind.

Der Energienullpunkt liegt an der Oberkante des Valenzbandes – somit können wir $E_L = E_G$ bzw. $E_V = 0$ setzen. Bild 4.3 soll dies verdeutlichen.

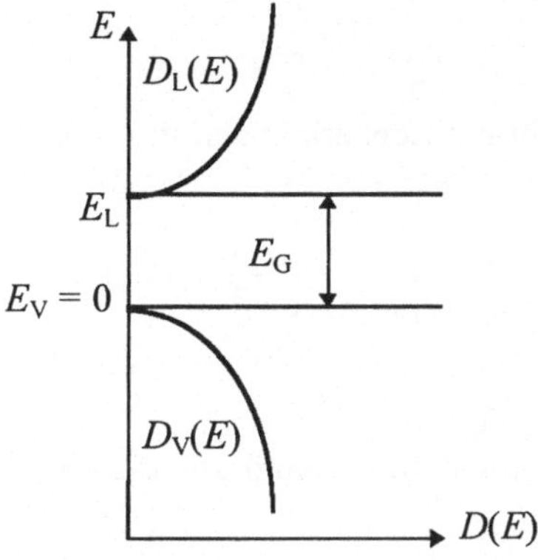

Bild 4.3 Zustandsdichte $D(E)$ in Leitungs- und Valenzband für den Fall, dass beide Zustandsdichten gleich sind (schematisch).

Mit den jeweiligen Ausdrücken für die Zustandsdichten und der Fermi-Dirac-Verteilungsfunktion erhalten wir

$$n = \frac{1}{2\pi^2} \cdot \left(\frac{2m_e{}^*}{\hbar^2}\right)^{3/2} \cdot \int\limits_{E_G}^{\infty} \sqrt{E - E_G} \cdot \frac{1}{e^{(E-E_F)/k_B T} + 1}\, dE$$

bzw.

$$p = \frac{1}{2\pi^2} \cdot \left(\frac{2m_p{}^*}{\hbar^2}\right)^{3/2} \cdot \int\limits_{-\infty}^{0} \sqrt{-E} \cdot \frac{1}{e^{(E_F-E)/k_B T}}\, dE \ .$$

Da

$$|E - E_F| \gg k_B T$$

gilt, kann die Eins im Nenner der obigen Gleichungen weggelassen werden.

Mit Hilfe der Substitution $x = (E - E_G)/k_B T$ ergibt sich (es wird hier nur noch für n ausführlich weitergerechnet)

$$n = \frac{1}{2\pi^2} \cdot \left(\frac{2m_e{}^*}{\hbar^2}\right)^{3/2} \cdot \left(k_B T\right)^{3/2} \cdot e^{-\frac{(E_G - E_F)}{k_B T}} \cdot \int\limits_{0}^{\infty} \sqrt{x} \cdot e^{-x}\, dx \ .$$

Daraus erhalten wir für die Elektronenkonzentration im Leitungsband

$$n = 2 \cdot \left(\frac{m_e{}^* k_B T}{2\pi \cdot \hbar^2}\right)^{3/2} \cdot e^{-\frac{(E_G - E_F)}{k_B T}} = n_0(T) \cdot e^{-\frac{(E_G - E_F)}{k_B T}} \ ,$$

wobei zur Vereinfachung

$$n_0(T) = 2 \left(\frac{m_e{}^* \cdot k_B T}{2\pi \hbar^2}\right)^{3/2}$$

gesetzt wurde.

Eine analoge Rechnung für die Löcherkonzentration im Valenzband liefert die Darstellung

$$p = 2 \cdot \left(\frac{m_p{}^* k_B T}{2\pi \cdot \hbar^2}\right)^{3/2} \cdot e^{\frac{-E_F}{k_B T}} = p_0(T) \cdot e^{\frac{-E_F}{k_B T}} \ .$$

Entsprechendes gilt für $p_0(T)$.

Da sämtliche Elektronen im Leitungsband aus den Valenzband des Halbleiters stammen, folgt mit $n = p$

$$n_0(T) \cdot e^{\frac{-(E_G - E_F)}{k_B T}} = p_0(T) \cdot e^{\frac{-E_F}{k_B T}} \ .$$

Für die Berechnung der Fermi-Energie in einem intrinsischen Halbleiter ergibt sich somit der Ausdruck

$$E_{\mathrm{F}} = \frac{1}{2}\,E_{\mathrm{G}} + \frac{3}{4}\,k_{\mathrm{B}}T \cdot \ln\!\left(\frac{m_{\mathrm{p}}{}^{*}}{m_{\mathrm{e}}{}^{*}}\right).$$

Wollen wir zunächst die Bandlücke bei 300 K bestimmen, so müssen wir das Massenwirkungsgesetz in die Überlegungen miteinbeziehen. Nach dem Massenwirkungsgesetz gilt für die Eigenleitung

$$n_{\mathrm{i}}^{2} = n \cdot p\,.$$

Daraus ergibt sich für das Quadrat der intrinsischen Ladungsträgerkonzentration $n_{\mathrm{i}}{}^{2}$

$$n_{\mathrm{i}}^{2} = 4 \cdot \left(\frac{k_{\mathrm{B}}T}{2\pi \cdot \hbar^{2}}\right)^{3} \cdot \left(m_{\mathrm{e}}{}^{*} \cdot m_{\mathrm{p}}{}^{*}\right)^{3/2} \cdot \mathrm{e}^{-\frac{E_{\mathrm{G}}}{k_{\mathrm{B}}T}}.$$

Für die Bandlücke erhalten wir die Darstellung

$$E_{\mathrm{G}} = -k_{\mathrm{B}}T \cdot \ln\!\left(\frac{n_{\mathrm{i}}^{2}}{4 \cdot \left(\dfrac{k_{\mathrm{B}}T}{2\pi \cdot \hbar^{2}}\right)^{3} \cdot \left(m_{\mathrm{e}}{}^{*} \cdot m_{\mathrm{p}}{}^{*}\right)^{3/2}}\right).$$

und berechnen diese zu

$$E_{\mathrm{G}} = 1{,}12 \text{ eV}.$$

Eingesetzt in die Gleichung zur Berechnung der Fermi-Energie erhalten wir für die Fermi-Energie den Wert

$$E_{\mathrm{F}} = 0{,}55 \text{ eV}.$$

Das Fermi-Niveau liegt somit etwas unterhalb der Mitte zwischen dem Leitungs- und Valenzband.

Für eine Temperatur $T = 0$ K vereinfacht sich die Gleichung zur Berechnung der Fermi-Energie zu

$$E_{\mathrm{F}} = \frac{1}{2} \cdot E_{\mathrm{G}}\,.$$

Das Fermi-Niveau würde in diesem Fall genau zwischen dem Valenzband und dem Leitungsband liegen.

Temperaturabhängigkeit des spezifischen Widerstandes

Mit Hilfe des Zonenschmelzverfahrens wurde ein reiner Germanium-Kristall hergestellt. Bei 300 K beträgt die Beweglichkeit der Elektronen 3600 $cm^2/(V \cdot s)$.

Bestimmen Sie den spezifischen Widerstand des Kristalls bei 200 K und 300 K.

Die Bandlücke ist temperaturabhängig. Zur Vereinfachung nehmen wir eine lineare Abhängigkeit mit einer Steigung von $-4{,}77 \cdot 10^{-4}$ eV/K an. Der extrapolierte Wert der Bandlücke bei 0 K beträgt 0,785 eV. Das Verhältnis der Beweglichkeiten von Elektronen und Löchern wird als konstant angenommen ($\mu_e/\mu_p = 2$). Die effektiven Massen wurden zu $m_e{}^* = 0{,}56 \cdot m_e$, $m_p{}^* = 0{,}37 \cdot m_e$ ermittelt.

Lösung:

Bei Elementhalbleitern wie Germanium überwiegt die Streuung der Ladungsträger an akustischen Phononen mit einer Beweglichkeit, die sich mit der Temperatur nach der Beziehung

$$\mu_e = a \cdot T^{-3/2}$$

ändert, wobei a = konstant ist.

Im Gegensatz hierzu überwiegt bei Verbindungshalbleitern wie Galliumarsenid die Streuung an optischen Phononen ($\mu \propto T^{1/2}$).

Die spezifische Leitfähigkeit eines homogenen Halbleiterkristalls lässt sich durch

$$\sigma = \frac{n \cdot e^2 \cdot \tau_e}{m_e{}^*} + \frac{p \cdot e^2 \cdot \tau_p}{m_p{}^*} = n \cdot e \cdot \mu_e + p \cdot e \cdot \mu_p$$

beschreiben. Das Verhältnis der Beweglichkeiten ist konstant.

Durch Einsetzen in obige Gleichung erhalten wir einen Ausdruck der Form

$$\sigma = \left(n + \frac{1}{2} p\right) \cdot e \cdot \mu_e.$$

Für die intrinsische Trägerkonzentration gilt allgemein

$$n_i^2 = n = p = 2 \cdot \left(\frac{k_B T}{2\pi \cdot \hbar^2}\right)^{3/2} \cdot \left(m_e{}^* \cdot m_p{}^*\right)^{3/4} \cdot e^{\frac{-E_G}{2 k_B T}}.$$

Daraus folgt dann

$$\sigma = 3 \cdot e \cdot \mu_e(T) \cdot \left(\frac{k_B T}{2\pi \cdot \hbar^2}\right)^{3/2} \cdot \left(m_e{}^* \cdot m_p{}^*\right)^{3/4} \cdot e^{\frac{-E_G}{2 k_B T}}.$$

Mit Hilfe der Temperaturabhängigkeit lässt sich die Beweglichkeit bei 200 K berechnen zu

$$\mu_e(T_1) = a \cdot T_1^{-3/2}, \quad \mu_e(T_2) = a \cdot T_2^{-3/2},$$

d.h.

$$\mu_e(T_2) = \mu_e(T_1) \cdot \left(\frac{T_2}{T_1}\right)^{-3/2}.$$

Für 200 K ergibt sich eine Beweglichkeit der Ladungsträger von

$$\mu_e(200\text{ K}) = 6613,6 \ \frac{\text{cm}^2}{\text{V} \cdot \text{s}}.$$

Die Bandlücken bei 200 K und 300 K werden anhand einer vereinfachten linearen Temperaturabhängigkeit, nämlich

$$E_G(T) = E_G(0\text{ K}) + m \cdot T$$

zu

$$E_G(200\text{ K}) = 0,689\text{ eV}$$

$$E_G(300\text{ K}) = 0,642\text{ eV}$$

berechnet.

(Hinweis: Die exakte Temperaturabhängigkeit lässt sich mit Hilfe der empirisch aufgestellten Formel von Varshni berechnen zu

$$E_G(T) = E_G(0\text{ K}) + \frac{m \cdot T^2}{T + \beta},$$

wobei m die bekannte lineare Änderung beschreibt und β etwa der Debye-Temperatur des Kristalls entspricht:

$$\beta_{Ge} = 235\text{ K}, \ m = -4,77 \cdot 10^{-4}\text{ eV/K und } E_G(0\text{ K}) = 0,744\text{ eV.})$$

Bild 4.4 zeigt den Zusammenhang zwischen der Bandlücke und der Temperatur – man erkennt, dass für kleine Temperaturen die lineare Temperaturabhängigkeit nicht mehr gegeben ist.

Mit Hilfe der Gleichung zur Bestimmung der spezifischen Leitfähigkeit lässt sich diese berechnen zu

$$\rho(200\text{ K}) = 1,39 \cdot 10^{-3} \ \frac{1}{\Omega \cdot \text{m}}$$

$$\rho(300\text{ K}) = 2,7 \ \frac{1}{\Omega \cdot \text{m}}$$

Der spezifische Widerstand des Halbleiters lässt sich durch die Beziehung $\rho = 1/\sigma$ ermitteln zu

$$\rho(200\text{ K}) = 719,44 \ \Omega \cdot \text{m},$$

$$\rho(300\text{ K}) = 0,37 \ \Omega \cdot \text{m}.$$

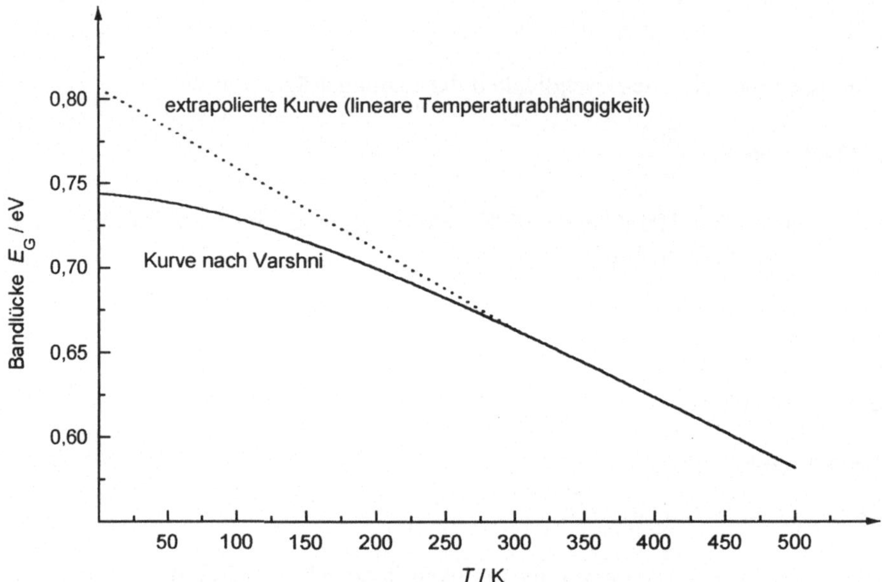

Bild 4.4   Temperaturabhängigkeit der Bandlücke von Germanium

Der spezifische Widerstand bei 300 K ist kleiner als der Widerstand bei 200 K. Dies war aufgrund der besseren Leitfähigkeit eines Halbleiters bei höheren Temperaturen auch zu erwarten. Halbleiter werden daher als Heißleiter bzw. NTC-Widerstände eingesetzt.

Eigenleitung bei III-V-Verbindungshalbleitern (GaAs)

Zur Erzeugung von Mikrowellen verwendet man in der Technik Gunn-Dioden. Als Halbleitermaterial hat sich bislang nur der III-V-Verbindungshalbleiter Galliumarsenid durchgesetzt. Die Bandlücke von GaAs bei 300 K beträgt $E_\mathrm{G} = 1{,}43$ eV und besitzt eine lineare Temperaturabhängigkeit von $-5{,}41 \cdot 10^{-4}$ eV/K. Die Ladungsträger haben die effektiven Massen $m_\mathrm{e,l}{}^* = 0{,}66 \cdot m_\mathrm{e}$, $m_\mathrm{p,l}{}^* = 0{,}082 \cdot m_\mathrm{e}$ und $m_\mathrm{p,s}{}^* = 0{,}5 \cdot m_\mathrm{e}$, wobei $m_\mathrm{e,l}{}^*$ bzw. $m_\mathrm{p,l}{}^*$ die effektive Masse der leichten Elektronen bzw. Löcher und $m_\mathrm{p,s}{}^*$ die effektive Masse der schweren Löcher darstellt.

Berechnen Sie die intrinsische Ladungsträgerkonzentrationen bei 100 K, 200 K und 300 K sowie die Lage des Fermi-Niveaus bei 300 K.

Galliumarsenid besitzt durch Verunreinigung eine Ladungsträgerkonzentration von $5 \cdot 10^{15}$ 1/cm^3. Berechnen Sie die Dichte der Löcher bei den oben genannten Temperaturen.

Lösung:

Verbindungshalbleiter aus Elementen der III. und V. Gruppe des Periodensystems bezeichnet man als III-V-Halbleiter. Galliumarsenid ist einer der wichtigsten Vertreter dieses Halbleitertyps.

Im Gegensatz zu den Elementhalbleitern Silicium und Germanium hat Galliumarsenid eine sogenannte direkte Bandlücke.

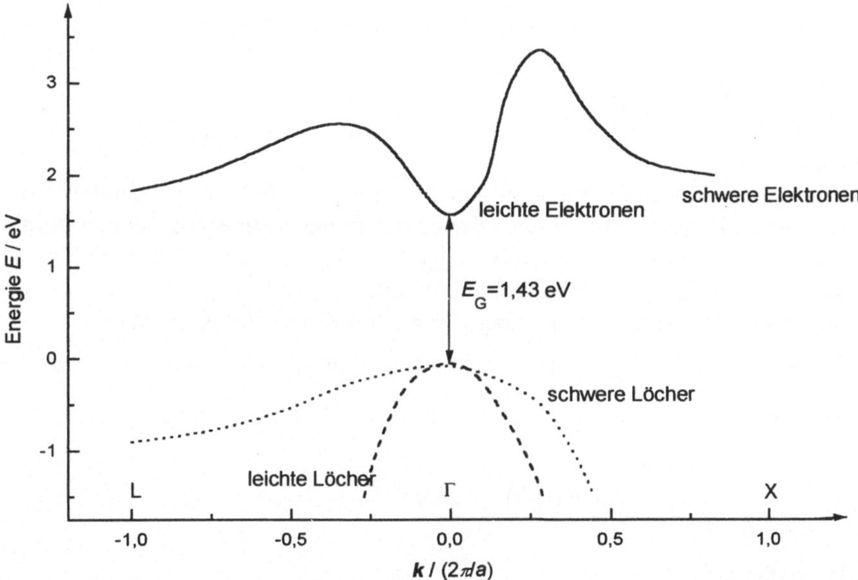

Bild 4.5   Bandschema von Galliumarsenid (GaAs)

Das Hauptminimum des Leitungsbandes liegt direkt über dem Hauptmaximum des Valenzbandes im Γ-Punkt, d.h. im Zentrum der Brillouinzone [Γ = (2π/a)(0,0,0)]. Bild 4.5 zeigt einen Ausschnitt aus dem Bandschema eines Galliumarsenid-Kristalls. Das Valenzband des Halbleiters ist im Γ-Punkt entartet.

Die unterschiedliche Krümmung der Energiebänder führt über die Definition der effektiven Masse

$$\frac{1}{m^*} = \frac{1}{\hbar^2} \cdot \left(\frac{\partial^2 E}{\partial k^2} \right)$$

folglich zu unterschiedlichen effektiven Massen. In Galliumarsenid besitzt das höher liegende Band eine geringere Krümmung und damit die schweren Löcher. Das tiefer liegende Band im Kristall besitzt die stärkere Krümmung und somit die leichten Löcher.

Die mittlere effektive Lochmasse läßt sich mit Hilfe der Gleichung

$$m_p^* = \left[\left(m_{p,l}^*\right)^{3/2} + \left(m_{p,s}^*\right)^{3/2}\right]^{2/3}$$

berechnen zu

$$m_p = 0{,}522 \cdot m_e.$$

Für hinreichend hohe Temperaturen lässt sich die Temperaturabhängigkeit der Bandlücke durch die lineare Beziehung

$$E_G(T) = E_G(0\ \text{K}) + m \cdot T$$

mit

$$m = \frac{\mathrm{d}E}{\mathrm{d}T} = -5{,}41 \cdot 10^{-4}\ \frac{\text{eV}}{\text{K}}$$

beschreiben.

Die Bandlücke von Galliumarsenid bei 0 K beträgt 1,592 eV. Es handelt sich hierbei um einen extrapolierten Wert aufgrund der angenommenen linearen Temperaturabhängigkeit. Die tatsächliche Bandlücke liegt bei $E_G(0\ \text{K}) = 1{,}52$ eV, da bei tieferen Temperaturen die Bandlücke keine lineare Abhängigkeit aufweist.

Daraus folgen für die Bandlücken bei 100 K, 200 K und 300 K die Werte

$$E_G(100\ \text{K}) = 1{,}54\ \text{eV}, \quad E_G(200\ \text{K}) = 1{,}48\ \text{eV}, \quad E_G(300\ \text{K}) = 1{,}43\ \text{eV}.$$

Für die intrinsische Ladungsträgerkonzentration erhält man gemäß

$$n_i(T) = 2 \cdot \left(\frac{k_B T}{2\pi \cdot \hbar^2}\right)^{3/2} \cdot \left(m_e^* \cdot m_p^*\right)^{3/4} \cdot e^{\frac{-E_G}{2 k_B T}}$$

folgende Ergebnisse:

$$n_i(100\ \text{K}) = 6{,}82 \cdot 10^{-10}\ 1/\text{cm}^3, \quad n_i(200\ \text{K}) = 0{,}22\ 1/\text{cm}^3, \quad n_i(300\ \text{K}) = 1{,}96 \cdot 10^6\ 1/\text{cm}^3.$$

Die Lage des Fermi-Niveaus berechnet sich mittels der bekannten Gleichung

$$E_F(300\ \text{K}) = \frac{1}{2} E_G + \frac{3}{4} \cdot k_B T \cdot \ln\left(\frac{m_p^*}{m_e^*}\right)$$

zu

$$E_F(300\ \text{K}) = 0{,}755\ \text{eV}.$$

Das Massenwirkungsgesetz $n \cdot p = n_i^2$ lässt sich auch für Störstellenleitungen anwenden. Für die Löcherdichten erhält man mit

$$p = \frac{n_i^2}{n}$$

die Werte

$$p(100\ \text{K}) = 9{,}30 \cdot 10^{-35}\ 1/\text{cm}^3, \quad p(200\ \text{K}) = 9{,}68 \cdot 10^{-18}\ 1/\text{cm}^3, \quad p(300\ \text{K}) = 7{,}68 \cdot 10^{-4}\ 1/\text{cm}^3.$$

4.2 Störstellenleitung

Störstellenreserve und Störstellenerschöpfung

In Bild 4.6 ist die Temperaturabhängigkeit der Elektronenkonzentration eines dotierten Silicium-Kristalls dargestellt:

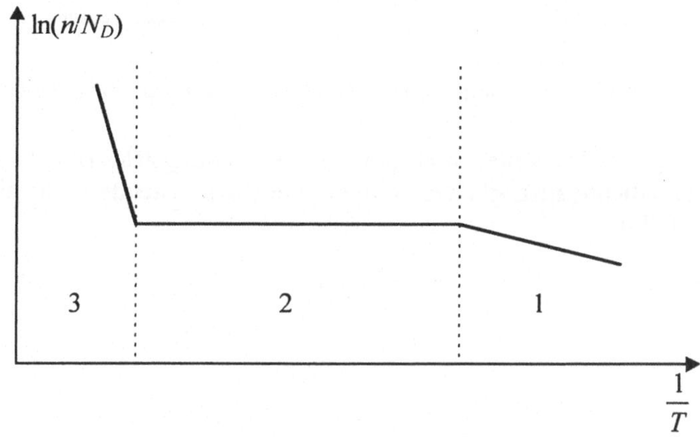

Bild 4.6   Temperaturabhängigkeit der Elektronenkonzentration eines n-dotierten Halbleiters

Erklären Sie qualitativ die Begriffe Störstellenreserve, Störstellenerschöpfung und intrinsische Leitung und geben Sie für die genannten Bereiche Näherungsformeln zur Berechnung der Ladungsträgerkonzentration im Leitungsband an.

Berechnen Sie die Ladungsträgerkonzentration im Leitungsband bei 10 K und 300 K für den Fall, dass der Silicium-Kristall (E_G(300 K) = 1,12 eV) mit Arsen ($n_D = 10^{15}$ 1/cm^3, E_d = 0,054 eV) dotiert ist. Die effektive Masse beträgt m_e^* = 0,1·m_e.

Lösung:

Werden Halbleiter dotiert, so kann ein Elektron im Leitungsband aus einer positiv ionisierten Donatorstörstelle bzw. ein Loch im Valenzband aus einer negativ ionisierten Akzeptorstörstelle stammen.

Die Lage der Energieniveaus von Donatoren und Akzeptoren in einem dotierten Halbleiter bezüglich der Unterkante des Leitungsbandes bzw. Oberkante des Valenzbandes ist in Bild 4.7 dargestellt.

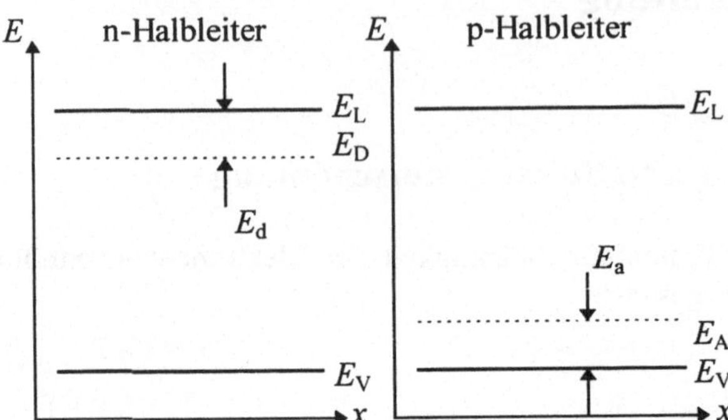

Bild 4.7   Lage der Energieniveaus von Donatoren und Akzeptoren bei einem dotierten Halbleiter

In einem homogenen Halbleiter muss die negative Ladungsträgerdichte durch eine positive Ladungsträgerdichte ausgeglichen werden. Die entsprechende Neutralitätsbedingung hat folgende Darstellung

$$n + n_A^- = p + n_D^+,$$

wobei gilt:

$$n_A = n_A^0 + n_A^-$$
$$n_D = n_D^0 + n_D^+$$

Bild 4.8 zeigt eine schematische Darstellung der Bezeichnungen.

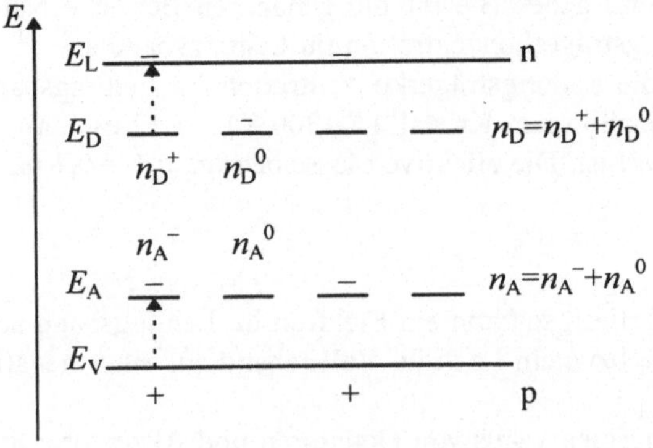

Bild 4.8   Verwendete Bezeichnungen in dotierten Halbleitern für Ladungsträger- und Störstellenkonzentrationen

Da hier mit Arsenatomen, d.h. mit Donatoratomen dotiert wurde, ist folglich $n_A = 0$. Wir nehmen an, dass die Leitfähigkeit des Halbleiters lediglich durch die Donatoren bestimmt wird. Somit können wir $n \approx n_D^+$ setzen.

Nun muss eine Darstellung für die Konzentration positiv ionisierter Donatorstörstellen gefunden werden. Mit $n_D^+ = n_D - n_D^0$ erhalten wir den Ausdruck

$$n_D^+ = n_D \cdot \frac{1}{e^{(E_F - E_D)/k_B T} + 1},$$

wobei E_D die energetische Lage des Donatorniveaus angibt. Mit Hilfe der Beziehung

$$n = n_0(T) \cdot e^{\frac{(E_F - E_L)}{k_B T}}$$

(E_L gibt die Lage des Leitungsbandes an) folgt zunächst

$$e^{\frac{E_F}{k_B T}} = \frac{n}{n_0(T)} \cdot e^{\frac{E_L}{k_B T}}$$

Wird diese Darstellung in die Gleichung für n_D^+ eingesetzt und berücksichtigt, dass $n \approx n_D^+$ ist, so erhalten wir

$$n = n_D \cdot \frac{1}{1 + \dfrac{n}{n_0(T)} \cdot e^{\frac{E_d}{k_B T}}},$$

wobei für E_d gilt: $E_d = E_L - E_D$ (siehe Bild 4.7). Daraus erhalten wir eine quadratische Gleichung in n:

$$\frac{n^2}{n_0(T)} \cdot e^{\frac{E_d}{k_B T}} + n - n_D = 0,$$

die eine physikalisch sinnvolle Lösung der Form

$$n = \frac{2 \cdot n_D}{1 + \sqrt{1 + 4 \cdot \dfrac{n_D}{n_0(T)} \cdot e^{\frac{E_d}{k_B T}}}}$$

besitzt.

Der Bereich 1 ist das Gebiet der Störstellenreserve („freeze-out-region"), in dem zunächst die Donatoren entleert werden.

Für kleine Temperaturen gilt

$$4 \cdot \frac{n_D}{n_0(T)} \cdot e^{\frac{E_d}{k_B T}} \gg 1 .$$

Die Gleichung zur Berechnung der Ladungsträgerkonzentration im Leitungsband vereinfacht sich somit zu

$$n = \sqrt{n_\mathrm{D} \cdot n_0(T)} \cdot e^{\frac{-E_\mathrm{d}}{2k_\mathrm{B}T}} \; .$$

Der Anstieg der Kurve im Abschnitt 1 ist somit proportional zu ½ E_d.

Der Kurventeil 2 beschreibt die Störstellenerschöpfung („extrinsic-region"). Alle Elektronen der Donatoratome sind ins Leitungsband übergegangen. Um zusätzliche Elektronen aus dem Valenzband ins Leitungsband zu heben, reicht jedoch die thermische Energie $k_\mathrm{B}T$ in dem Temperaturbereich nicht aus.

Da

$$4 \cdot \frac{n_\mathrm{D}}{n_0(T)} \cdot e^{\frac{-E_\mathrm{d}}{k_\mathrm{B}T}} \ll 1$$

ist, folgt für die Ladungsträgerkonzentration im Leitungsband:

$$n = \frac{2n_\mathrm{D}}{1 + \sqrt{1}} = n_\mathrm{D} = \mathrm{konst} \; .$$

Im Bereich 3 der obigen Abbildung liegt schließlich Eigenleitung („intrinsic-region") vor, in dem durch die thermische Energie zusätzliche Elektronen aus dem Valenzband angehoben werden.

Für die Ladungsträgerkonzentration gilt:

$$n = p = 2 \cdot \left(\frac{k_\mathrm{B}T}{2\pi \cdot \hbar^2} \right)^{3/2} \cdot \left(m_\mathrm{e}^* \cdot m_\mathrm{p}^* \right)^{3/4} \cdot e^{\frac{-E_\mathrm{G}}{2k_\mathrm{B}T}} \; .$$

Der Anstieg der Kurve im Bereich 3 ist somit proportional zu ½ E_G.

Für eine Temperatur von 10 K ergibt sich im Bereich der Störstellenreserve eine Ladungsträgerkonzentration von

$$n = \sqrt{2 \cdot n_\mathrm{D} \cdot \left(\frac{m_\mathrm{e}^* k_\mathrm{B}T}{2\pi \cdot \hbar^2} \right)^{3/2} \cdot e^{\frac{-E_\mathrm{d}}{2k_\mathrm{B}T}}} = 5{,}43 \cdot 10^7 \; \frac{1}{\mathrm{m}^3} \; .$$

Berechnet man die Konzentration der Elektronen bei 300 K (Störstellenerschöpfung), so erhalten wir wegen $n = n_\mathrm{D}$ den Wert

$$n = 10^{21} \; \frac{1}{\mathrm{m}^3} \; .$$

Ladungsträgerdichte und Fermi-Niveau bei n-Halbleitern

Mit Hilfe von technischen Dotierungsverfahren wird Germanium mit Antimon dotiert. Die Donatorkonzentration beträgt 10^{13} $1/\text{cm}^3$ – die Ionisierungsenergie für Antimon im Germanium-Kristall beträgt $9{,}6\cdot10^{-3}$ eV.

Berechnen Sie die Ladungsträgerkonzentration bei einer Temperatur von 4 K und bestimmen Sie die Lage des Fermi-Niveaus bei dieser Temperatur.

(Die Bandlücke von Germanium bei 4 K beträgt 0,78 eV und die effektive Masse der Elektronen wurde zu $m_e{}^* = 0{,}54\cdot m_e$ ermittelt)

Lösung:

Bei einer derart niedrigen Temperatur kann die Zahl der Elektronen, die durch Anregung aus dem Valenzband ins Leitungsband gehoben werden, gegenüber den erzeugten Elektronen durch Ionisierung der Donatoratome vernachlässigt werden, d.h. $n_A^{\,-}$ (nur Donatoren) und p sind gleich Null.

Die Bilanzgleichung für die Ladungsneutralität lautet demnach

$$n = n_D^+ .$$

Die Konzentration der Ladungsträger im Leitungsband ist gegeben durch

$$n = \frac{2\cdot n_D}{1 + \sqrt{1 + 4\cdot \dfrac{n_D}{n_0(T)}\cdot e^{\frac{E_d}{k_B T}}}} .$$

Für tiefe Temperaturen gilt

$$4\cdot \frac{n_D}{n_0(T)}\cdot e^{\frac{E_d}{k_B T}} \gg 1 ,$$

und die Trägerkonzentration ergibt sich zu

$$n = \sqrt{2\cdot n_D \cdot \left(\frac{m_e{}^* k_B T}{2\pi\cdot \hbar^2}\right)^{3/2}}\cdot e^{\frac{-E_d}{2 k_B T}} = 3{,}51\cdot 10^8 \ \frac{1}{\text{cm}^3} .$$

Die Lage des Fermi-Niveaus lässt sich mittels der Gleichung

$$E_F = E_G - \frac{1}{2} E_d + \frac{1}{2} k_B T\cdot \ln\!\left(\frac{n_D}{n_0(T)}\right)$$

berechnen.

Wir erhalten dasmit für die Fermi-Energie den Wert

$$E_F = 0{,}774 \ \text{eV}.$$

Herstellung einer Silicium-Diode

Ein Silicium-Kristall ($n_i = 1{,}5 \cdot 10^{10}$ 1/cm^3, $E_G = 1{,}12$ eV) wurde mit Bor ($n_A = 10^{16}$ 1/cm^3) dotiert. Um eine Silicium-Diode herzustellen, wird der Kristall über die Zeitdauer von 33 s mit Phosphoratomen beschossen. Die Strahlstromdichte des Phosphors beträgt 16 nA/cm^2. Das resultierende Konzentrationsprofil ist konstant und hat eine Reichweite von 300 nm.

Bei einer bestimmten Temperatur beträgt die Konzentration der Elektronen $n = 8 \cdot 10^{16}$ 1/cm^3 und die Konzentration der Löcher $p = 2{,}5 \cdot 10^{-19}$ 1/cm^3 ($n_0(T) = 2{,}8 \cdot 10^{19}$ 1/cm^3, $p_0(T) = 10^{19}$ 1/cm^3).

Ermitteln Sie die unbekannte Temperatur und die Lage des Fermi-Niveaus. Gehen Sie zur Vereinfachung davon aus, dass die Bandlücke temperaturunabhängig ist.

Welche Ionisierungsenergie haben die Phosphordonatoren bei dieser Temperatur?

Lösung:

Mit Hilfe des Massenwirkungsgesetzes

$$n \cdot p = n_0(T) \cdot p_0(T) \cdot e^{\frac{-E_G}{k_B T}}$$

lässt sich die Temperatur

$$T = \frac{E_G}{k_B} \cdot \frac{1}{\ln\left(\dfrac{n_0(T) \cdot p_0(T)}{n \cdot p}\right)}$$

berechnen. Man erhält $T = 140$ K.

Da keine Aussagen über die effektiven Massen m_e^* und m_p^* gemacht werden, muss die Fermi-Energie mittels

$$n = n_0(T) \cdot e^{\frac{-(E_G - E_F)}{k_B T}}$$

berechnet werden. Dies ist ohne weiteres möglich, da angenommen wird, dass die Bandlücke temperaturunabhängig ist.

Aus obiger Gleichung folgt

$$E_G = E_F + k_B T \cdot \ln\left(\frac{n_0(T)}{n}\right) .$$

Für die Lage des Fermi-Niveaus erhalten wir also

$E_F = 1{,}049$ eV.

Zunächst muss die Zahl der Phosphoratome bei bekannter Strahlstromdichte und Zeitdauer berechnet werden:

$$N_P = \frac{j \cdot t}{e} = 3{,}3 \cdot 10^{12} \ \frac{1}{cm^2} .$$

Bei einem konstanten Konzentrationsprofil mit einer Reichweite von 300 nm ermitteln wir die Konzentration der Donatoratome im Kristall:
Mit

$$n_\mathrm{D} = \frac{N_\mathrm{P}}{R},$$

wobei R die Reichweite darstellt, erhalten wir eine Donatorkonzentration von

$$n_\mathrm{D} = 1{,}099 \cdot 10^{17} \ 1/\mathrm{cm}^3.$$

Setzen wir die beiden für Donatoren und Akzeptoren gültigen Beziehungen

$$n_\mathrm{A} = n_\mathrm{A}^0 + n_\mathrm{A}^-, \quad n_\mathrm{D} = n_\mathrm{D}^0 + n_\mathrm{D}^+$$

in die Neutralitätsbedingung

$$n + n_\mathrm{A}^- = p + n_\mathrm{D}^+$$

ein, so folgt

$$n + \left(n_\mathrm{A} - n_\mathrm{A}^0\right) = p + \left(n_\mathrm{D} - n_\mathrm{D}^0\right).$$

Die Dichte der Löcher im Valenzband ist wesentlich geringer als die Dichte der Elektronen im Leitungsband, d.h. $p \ll n$. Weiterhin können wir annehmen, dass die Konzentration der neutralen Akzeptoren n_A^0 sehr viel geringer ist als die Konzentration der gesamten Akzeptoren, d.h. $n_\mathrm{A}^0 \ll n_\mathrm{A}$.
Somit vereinfacht sich die Neutralitätsbedingung zu

$$n + n_\mathrm{A} = n_\mathrm{D} - n_\mathrm{D}^0.$$

Mit

$$n_\mathrm{D}^0 = n_\mathrm{D} \cdot \frac{1}{e^{\frac{E_\mathrm{G} - E_\mathrm{d} - E_\mathrm{F}}{k_\mathrm{B} T}} + 1}$$

erhält man

$$n + n_\mathrm{A} = n_\mathrm{D} \cdot \left(1 - \frac{1}{e^{\left(\frac{E_\mathrm{G} - E_\mathrm{d} - E_\mathrm{F}}{k_\mathrm{B} T}\right)} + 1}\right).$$

Die Ionisierungsenergie der Phosphor-Donatoratome ergibt sich daraus zu

$$E_\mathrm{G} - E_\mathrm{d} = E_\mathrm{F} + k_\mathrm{B} T \cdot \ln\left(\frac{1}{\dfrac{n_\mathrm{D}}{n + n_\mathrm{A}} - 1}\right) = 1{,}067 \ \mathrm{eV}.$$

Daraus ermittelt man den Abstand des Donatorniveaus vom Leitungsband zu

$$E_\text{d} = E_\text{Ion} = E_\text{G} - 1{,}067 \text{ eV} = 52{,}8 \text{ meV}.$$

Breite und Kapazität der Sperrschicht eines p-n-Übergangs

Eine Silicium Diode soll mit Hilfe des Legierungsverfahrens hergestellt werden. Dazu wird der Silicium-Kristall im p-Gebiet mit Boratomen der Konzentration $7{\cdot}10^{14}$ 1/cm^3 und im n-Gebiet mit Arsenatomen der Konzentration $1{,}75{\cdot}10^{14}$ 1/cm^3 dotiert. Der Verlauf der Raumladungsdichte und der elektrischen Feldstärke ist in Bild 4.6 dargestellt:

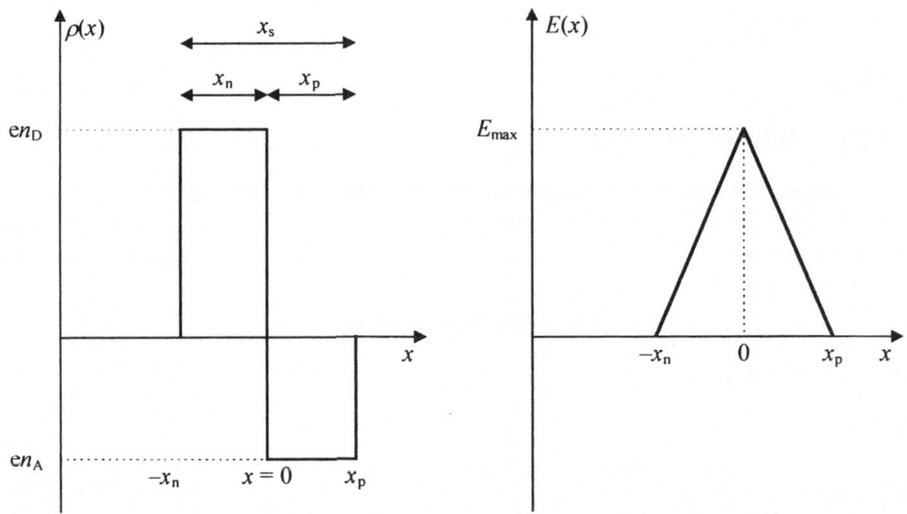

Bild 4.9   Raumladungsdichte und elektrische Feldstärke eines p-n-Übergangs

Berechnen Sie die Barrierespannung des p-n-Übergangs.

An den p-n-Übergang wird nun eine Spannung von 10 V in Sperrichtung angelegt ($U <$ 0). Ermitteln Sie die Breite der entstehenden Sperrschicht und deren Kapazität bei einer wirksamen Fläche von 10^{-8} m^2.

Die Bandlücke von Silicium bei 300 K beträgt 1,12 eV und die effektiven Massen sind $m_\text{e}^* = 1{,}08{\cdot}\text{m}_\text{e}$ und $m_\text{p}^* = 0{,}59{\cdot}\text{m}_\text{e}$.

Lösung:

Ein p-n-Übergang in einem Halbleiterkristall entsteht, wenn der Kristall in zwei Bereiche unterschiedlicher Dotierung unterteilt wird. Dabei sind im p-leitenden Bereich, in den Akzeptoratome eingebaut wurden, die Löcher die Majoritätsladungsträger, während im n-leitenden Bereich durch den Einbau von Donatoratomen die Elektronen die Majoritätsladungsträger sind.

Das Verhältnis der Elektronendichte im p-Gebiet zu der Dichte der Elektronen im n-Gebiet ist durch den Boltzmann-Faktor

$$\frac{n_\mathrm{p}}{n_\mathrm{n}} = \frac{n_\mathrm{i}^2}{n_\mathrm{A}\,n_\mathrm{D}} = \mathrm{e}^{\frac{-e \cdot U_\mathrm{B}}{k_\mathrm{B}T}}$$

gegeben.

Die Barrierespannung U_B folgt damit zu

$$U_\mathrm{B} = \frac{k_\mathrm{B}T}{e} \cdot \ln\left(\frac{n_\mathrm{A}\,n_\mathrm{D}}{n_\mathrm{i}^2}\right).$$

Wie bereits bekannt, erhält man aus dem Massenwirkungsgesetz

$$n_\mathrm{i}^2 = n \cdot p = n_0(T) \cdot p_0(T) \cdot \mathrm{e}^{\frac{-E_\mathrm{G}}{k_\mathrm{B}T}} = 4{,}90 \cdot 10^{31}\ \frac{1}{\mathrm{m}^6}.$$

Daraus ergibt sich die Barrierespannung zu

$U_\mathrm{B} = 0{,}56$ V.

Die Breite der Sperrschicht ist definiert durch

$$x_\mathrm{S} = x_\mathrm{p} - x_\mathrm{n}.$$

Am p-n-Übergang ($x = 0$) haben die elektrischen Feldstärken den größten Wert und sind gleich groß. Die erste Integration der eindimensionalen Poisson-Gleichung

$$\frac{\partial^2 \varphi}{\partial x^2} = -\frac{1}{\varepsilon \cdot \varepsilon_o} \cdot \rho(x)$$

führt mit Hilfe der Verarmungs-Näherung zu einem linearen Verlauf der elektrischen Feldstärke im n- und p-Gebiet.
So ergibt sich für die maximale Feldstärke

$$E_\mathrm{max} = \frac{e}{\varepsilon \cdot \varepsilon_0} \cdot n_\mathrm{D} \cdot x_\mathrm{n} = \frac{e}{\varepsilon \cdot \varepsilon_0} \cdot n_\mathrm{A} \cdot x_\mathrm{p}.$$

Die Barrierespannung über die gesamte Sperrschicht ist gegeben durch

$$U_B = \frac{1}{2} \cdot E_{max} \cdot x_S \, .$$

Eliminiert man die elektrische Feldstärke aus den beiden Gleichungen, dann kann die Breite der Sperrschicht ermittelt werden über

$$x_S = \sqrt{\frac{2 \cdot \varepsilon \cdot \varepsilon_0}{e} \cdot \left(\frac{n_A + n_D}{n_A \cdot n_D} \right) \cdot U_B} \, .$$

Wird nun eine äußere Spannung in Sperrichtung an den p-n-Übergang angelegt, so verbreitert sich die Sperrschicht und der Ausdruck zur Bestimmung der Breite muss ergänzt werden

$$x_S = \sqrt{\frac{2 \cdot \varepsilon \cdot \varepsilon_0}{e} \cdot \left(\frac{n_A + n_D}{n_A \cdot n_D} \right) \cdot (U_B + U)} \, .$$

Bei einer angelegten Spannung von 10 V erhalten wir für die Breite der Sperrschicht

$x_S = 9{,}92 \ \mu m.$

Aufgrund der Ladungsneutralität im p-n-Übergang gilt

$$n_D \cdot x_n = n_A \cdot x_p$$

und es lassen sich die Breiten im n- und p-Gebiet berechnen. Wir erhalten dabei folgende Werte

$x_n = 7{,}94 \ \mu m \ ; \ x_p = 1{,}98 \ \mu m.$

Betrachtet man die Sperrschicht als einen Kondensator, dessen Platten im Abstand x_S voneinander entfernt sind, so berechnet sich die Kapazität der Sperrschicht mit Hilfe der Gleichung

$$C = \frac{\varepsilon \cdot \varepsilon_0 \cdot A}{x_S}$$

zu

$C = 1{,}05 \cdot 10^{-13} \ F.$

4.3 Hall-Effekt

Bestimmung der Ladungsträgersorte und -konzentration

Mit Hilfe des Hall-Effektes bei Halbleitern lassen sich unter anderem die Ladungsträgersorten und deren Konzentrationen bestimmen. Dazu wird durch ein Halbleiterplättchen mit den Abmessungen $l = 2$ cm, $d = 1$ mm und $b = 1$ cm ein Strom von 5 mA geschickt. Senkrecht zur größten Fläche wird ein Magnetfeld der Flußdichte 0,15 T angelegt und schließlich eine Hall-Konstante von -2000 cm^3/C bestimmt.

Ermitteln Sie die Ladungsträgersorte, die Trägerkonzentration und die Hall-Spannung. Berechnen Sie außerdem die Beweglichkeit und die Relaxationszeit der Ladungsträger, wenn eine Spannung von 1 V an den Kristall angelegt wird.

Durch eine entsprechende Dotierung des Halbleiters wird die Ladungsträgerkonzentration so verändert, dass beide Trägersorten zum Stromfluss beitragen. Die Beweglichkeit der zweiten Sorten ist 20 cm/(V·s). Mit welchem relativen Anteil tragen die beiden Trägersorten zur Leitfähigkeit bei, wenn die Hall-Konstante in diesem Fall Null ist?

Lösung:

Die Hall-Konstante eines Halbleiters ist definiert als

$$R_\mathrm{H} = \frac{p \cdot \mu_\mathrm{p}^2 - n \cdot \mu_\mathrm{e}^2}{e \cdot \left(p \cdot \mu_\mathrm{p} + n \cdot \mu_\mathrm{e}\right)^2} \; .$$

Da die Hall-Konstante negativ ist, tragen nur die Elektronen zum Stromfluss bei. Aus der Annahme, dass die Relaxationszeiten gleich sind, unabhängig von der Geschwindigkeit der Elektronen, können wir die Elektronenkonzentration mit einer einfachen Gleichung bestimmen. Es gilt

$$R_\mathrm{H} = -\frac{1}{n \cdot e}$$

und wir erhalten eine Ladungsträgerkonzentration von

$n = 3,12 \cdot 10^{15}$ 1/cm^3.

Die Hall-Spannung lässt sich mit

$$U_\mathrm{H} = \frac{R_\mathrm{H} \cdot B \cdot I}{d}$$

ermitteln zu

$U_\mathrm{H} = 1,5 \cdot 10^{-3}$ V.

Bei einer angelegten Spannung von 1 V und einem Stromfluss von 5 mA erhalten wir nach dem Ohmschen Gesetz den Widerstand des Halbleiterplättchens zu $R = 200\ \Omega$. Nach der Berechnung des spezifischen Widerstandes und der spezifischen Leitfähigkeit ergibt sich für die Beweglichkeit der Elektronen und deren Relaxationszeit

$$\mu_e = 200\ \text{cm}^2/(\text{V·s}),\ \tau_e = 2{,}275 \cdot 10^{-14}\ \text{s}.$$

Die Hall-Konstante ist Null, wenn der Zähler in der Bestimmungsgleichung Null ist; es muss also gelten

$$p \cdot \mu_p^2 - n \cdot \mu_e^2 = 0\ .$$

Daraus folgt

$$\frac{p}{n} = \frac{\mu_e^2}{\mu_p^2} = 100\ .$$

Die spezifische Leitfähigkeit setzt sich aus der Leitfähigkeit der Elektronen und der Löcher zusammen. Wir können also schreiben

$$\sigma = n \cdot e \cdot \mu_e + p \cdot e \cdot \mu_p = \sigma_e + \sigma_p\ .$$

Mit

$$\frac{\mu_p}{\mu_e} = \frac{1}{10}$$

lässt sich der jeweilige Anteil der Ladungsträger am Stromfluss ermitteln zu

$$\sigma = \left(\frac{1}{10} + 1\right) \cdot \sigma_p\ .$$

Der relative Anteil der Elektronen an der Leitfähigkeit beträgt etwa 9%, der relative Anteil der Löcher hingegen etwa 91%.

Driftgeschwindigkeit der Ladungsträger im Halbleiter

Ein reiner Halbleiter-Kristall mit den Abmessungen $l = 12$ mm, $b = 5$ mm und $d = 1$ mm wird zur Bestimmung der Elektronendichte in ein Magnetfeld mit der Flussdichte 1 T gebracht, das senkrecht zur größten Fläche steht. In Richtung der Länge des Kristalls fließt ein Strom von 20 mA. Über die Kristallbreite wird eine Hall-Spannung von 7,4 mV gemessen.

Bestimmen Sie die Elektronendichte und die mittlere Driftgeschwindigkeit in dem Halbleitermaterial.

Lösung:

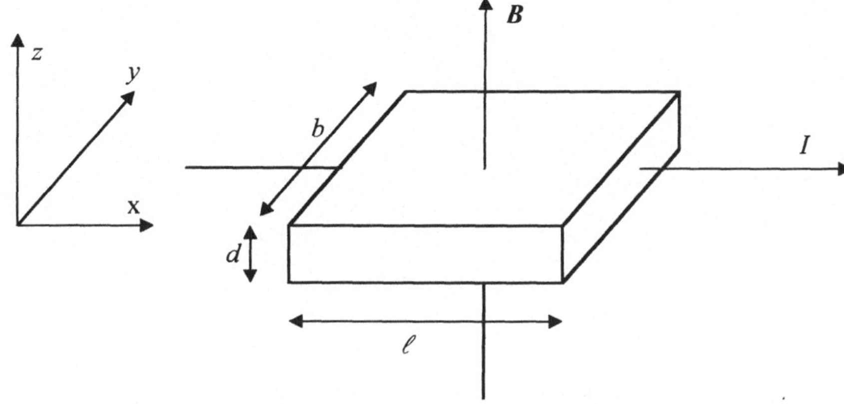

Bild 4.10 Halbleiterkristall im Magnetfeld

Die Lorentzkraft F_L bewirkt eine Ablenkung der Ladungsträger senkrecht zum Magnetfeld und zur Stromrichtung. Dies führt zu einer Ladungstrennung und zu einem Aufbau eines elektrischen Feldes E_H. Die Hallspannung U_H wird stromlos ($I_H = 0$ A) gemessen. Die Lorentzkraft, die auf ein Elektron, das sich in x-Richtung mit der Geschwindigkeit v_x bewegt, wird durch die Hallspannung kompensiert

$$F_y = e \cdot (v \times B)_y = e v_x B - e E_y = 0,$$

wobei E_y das sogenannte Hall-Feld ist. Unter der Annahme, dass nur Elektronen den Strom tragen, gilt

$$j_x = \frac{I}{b \cdot d}.$$

Mit Hilfe der Beziehungen

$$E_y = E_H = -\frac{1}{n \cdot e} \cdot B \cdot j_x \text{ und } E_H = \frac{U_H}{b}$$

erhalten wir für die Elektronendichte die Darstellung

$$n_{HL} = -\frac{B \cdot I}{U_H \cdot e \cdot d} = 1{,}69 \cdot 10^{16} \frac{1}{cm^3}.$$

Die Driftgeschwindigkeit der Ladungsträger im Material ergibt sich zu

$$v_D = -\frac{j}{n \cdot e} = \frac{I}{b \cdot d} \cdot \frac{1}{n \cdot e} = 1{,}48 \frac{m}{s}.$$

5 Dielektrische und magnetische Festkörper, Supraleitung

5.1 Dielektrische Festkörper

Festkörper in Kondensatoren

Dielektrische Materialien zwischen den Platten eines Kondensators isolieren die Platten gegeneinander – vor allem aber erhöhen sie die Kapazität des Bauteils.

a) In einen Plattenkondensator der Dimensionen Länge $\ell = 3$ cm, Breite $b = 2$ cm und Plattenabstand $d = 1$ mm wird zunächst Bernstein eingebracht ($\varepsilon_r = 2{,}3$), dann Porzellan und schließlich Glimmer, dann wird der Kondensator immer gleichermaßen aufgeladen. Bei Porzellan läßt sich eine 0,5fache, bei Glimmer eine 3/8-fache Spannung gegenüber der Quarzfüllung abgreifen.

Wie groß ist jeweils die relevante Materialkonstante?

b) Die Dielektrizitätszahl ist von der Temperatur abhängig. Besonders fällt dieses Phänomen bei Versuchen mit Wasser auf, das bei $\vartheta = 20°$ C einen Wert von $\varepsilon_r = 81$ besitzt. Fällt die Temperatur auf $\vartheta = 0°$ C, so erhöht sich ε_r auf 88. Läßt man dann das Wasser erstarren (bei $\vartheta = 0°$ C), so fällt die Materialkonstante auf $\varepsilon_r = 3$ ab.

Erklären sie diese Beobachtungen.

c) Aus einer Produktion ist eine Menge an Zylinderkondensatoren der Höhe $h = 2$ cm mit dem Durchmesser $d = 2$ cm übriggeblieben. Ein Vergleich mit den Kondensatoren aus a) zeigt eine 0,75fache Spannung bei gleicher Aufladung.

Wie sieht die Innengeometrie der Kondensatoren aus?

Lösung:

a) Bei einem Plattenkondensator läßt sich die Kapazität bestimmen über

$$C = \varepsilon_r \cdot \varepsilon_0 \cdot \frac{\ell \cdot b}{d},$$

woraus in unserem Falle eine Kapazität von

$$C_{\text{Bernstein}} = 15 \cdot 10^{-12}\,\text{F}$$

bestimmt werden kann. Da außerdem für die Kapazität der Zusammenhang

$$C = \frac{Q}{U}$$

zwischen der Ladungsmenge Q und der Spannung U gilt, können wir folgern, dass bei gleicher Ladungsmenge Q bei Porzellan etwa die doppelte, bei Glimmer etwa die 2,6fache Kapazität vorliegt, woraus wir für die Werte der Permittivitätszahl ebenfalls

$$\varepsilon_{r,\text{Porzellan}} = 5{,}6$$

$$\varepsilon_{r,\text{Glimmer}} = 7{,}3$$

folgern können.

b) Bei polaren Materialien, wie hier bei Wasser, geht der Wert der Permittivitätszahl ε_r mit wachsender Temperatur zurück, weil die Wärmebewegung der Moleküle der Ausrichtung der polaren Moleküle im elektrischen Feld entgegenwirkt.

Der rapide Rückgang des Wertes für ε_r am Gefrierpunkt ist auch auf den Effekt der Bewegungseinschränkung der polaren Moleküle zurückzuführen, die hier durch die Änderung des Aggregatzustandes kaum noch die Möglichkeit zur Ausrichtung haben.

c) Aus den Kapazitätsversuchen (s. Teil a)) folgt für die Permittivitätszahl des Füllmaterials

$$\varepsilon_r = 1{,}33 \cdot \varepsilon_{r,\text{Bernstein}} = 3{,}7$$

und damit für den Zylinderkondensator eine Kapazität von ca. 20 pF.

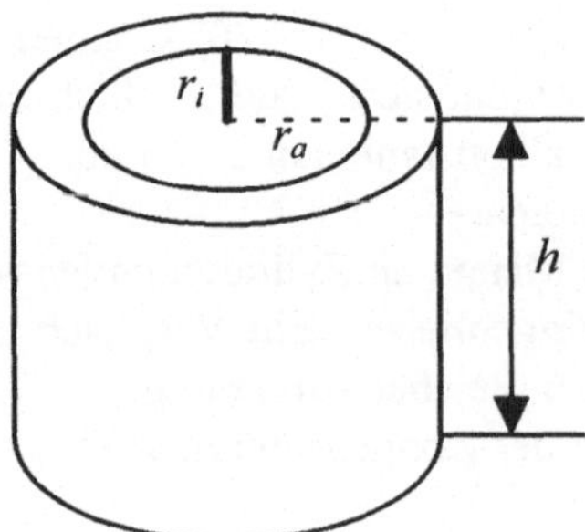

Bild 5.1:   Zylinderkondensator mit geometrischen Bezeichnungen

Für einen Zylinderkondensator kann man entsprechend den Bezeichnungen aus Bild 5.1 für die Kapazität die Beziehung

$$C_{\text{Zylinderkondensator}} = 2\pi\varepsilon_r\varepsilon_0 \frac{h}{\ln\left(\dfrac{r_a}{r_i}\right)}$$

folgern und somit auf den gesuchten Innenradius r_i schließen über

$$r_i = \frac{r_a}{e^{\frac{2\pi \varepsilon_r \varepsilon_0 h}{C_{\text{Zylinder}}}}} = 8 \cdot 10^{-3}\ \text{m}\,.$$

Der Zylinderkondensator hat also einen Innendurchmesser von 1,6 cm.

Dielektrische und optische Eigenschaften von Natriumchlorid

Bei Versuchen zu dielektrischen und optischen Eigenschaften von Natriumchlorid wird ein Kristall zunächst in einen Kondensator eingebracht. Durch langsames Auf- und Entladen des Kondensators wird die Kapazität bestimmt – dabei stellt sich heraus, dass die Kapazität des Kondensators mit dem Isolator NaCl 5,9mal so groß ist wie im Vakuum.

Die Bestimmung des Brechungsindex bei sichtbarem Licht liefert für mittlere Wellenlängen den Wert 1,5.

Nun wird der Kristall mit elektromagnetischer Strahlung beschossen und dessen Reflexion gemessen. Bei einer Frequenz von 5 THz nimmt das Reflexionsvermögen des Kristalls schlagartig zu und erreicht den Maximalwert von nahezu 100%.

Welche Rückschlüsse aus diesen Daten können für das weitere Reflexionsvermögen des NaCl-Kristalls für höhere Frequenzen gezogen werden?

Lösung:

Aus den Kapazitätsversuchen des Kondensators kann die statische Dielektrizitätszahl des Kristalls bestimmt werden; für den hier verwendeten Natriumchloridkristall ergibt sich

$$C_{\text{NaCl}} = \varepsilon_0 \cdot C_{\text{Vak}} \;\Rightarrow\; \varepsilon_0 = \frac{C_{\text{NaCl}}}{C_{\text{Vak}}} = 5{,}9\,.$$

Die optische Dielektrizitätszahl hängt bei nichtleitenden Medien – wie hier – mit dem Brechungsindex n über die Beziehung

$$n = \sqrt{\varepsilon_\infty} \;\Rightarrow\; \varepsilon_\infty = n^2 = 2{,}25$$

zusammen.

Die Reflexion bei Kristallen wird beim Erreichen der transversalen Eigenfrequenz maximal – steigert man die Frequenz, reflektiert der Kristall die einfallende Strahlung weiter, bis die longitudinale Eigenfrequenz des Kristalls überschritten ist, dann nimmt die Absorption wieder zu, den theoretischen Verlauf der Reflexion gibt Bild 5.2 wieder.

Die longitudinale Eigenfrequenz läßt sich aus den bekannten Daten ermitteln über die Lydanne-Sachs-Teller-Relation

$$\frac{\omega^2_{\text{longitudinal}}}{\omega^2_{\text{transversal}}} = \frac{\varepsilon_0}{\varepsilon_\infty}\,.$$

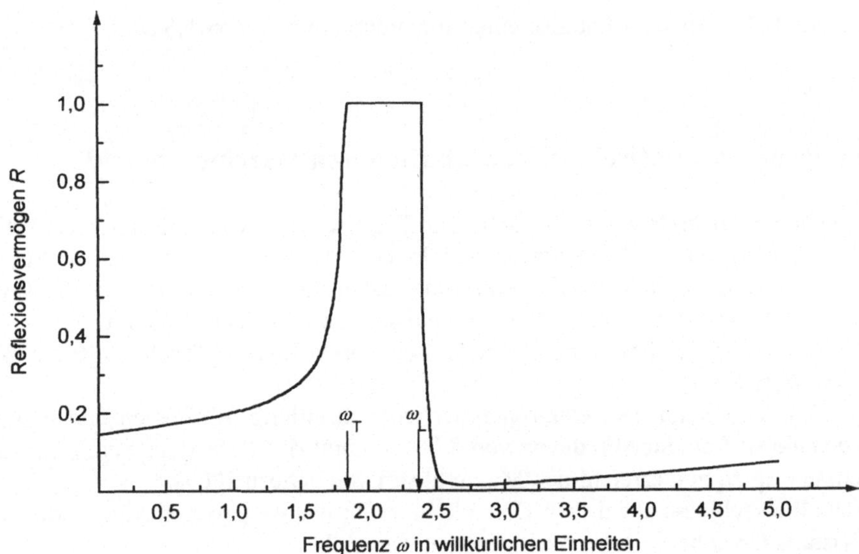

Bild 5.2:   Verlauf der Reflexionskurve bei Kristallen

In unserem Experiment ergibt sich damit die Eigenfrequenz der longitudinalen Phononen des Natriumchlorids zu

$$\omega_{\text{longitudinal}} = 5{,}08 \cdot 10^{13} \, \frac{1}{\text{s}}.$$

Diese Frequenz läßt sich experimentell ermitteln, indem die elektromagnetische Strahlung unter einem nicht-senkrechten Winkel eingestrahlt wird.

Elektromagnetische Wellen in Metall (Gold)

Durch eine Messapparatur werden elektromagnetische Wellen transportiert, die ein Goldplättchen passieren müssen.

Welche Einschränkungen muss man bezüglich der Ausbreitung der elektromagnetischen Wellen machen?

Die Apparatur ist außerdem starken Temperaturschwankungen unterlegen – sollte man deshalb vielleicht das Goldplättchen durch einen entsprechenden Halbleiterbaustein ersetzen?

(Gold: $m_{\text{Mol}} = 196{,}97$ u, $\rho = 19{,}29$ g/cm^3, 1 freies Elektron pro Atom)

Lösung:

Damit sich elektromagnetische Wellen in Leitern ausbreiten können, muss ihre Frequenz *größer* der Plasmafrequenz ω_p sein, die sich über

$$\omega_{\mathrm{p}} = \sqrt{\frac{n \cdot e^2}{\varepsilon_0 \cdot m_{\mathrm{e}}}}$$

aus den elektronischen Daten und der Ladungsträgerdichte n für die freien Elektronen berechnet, welche zu

$$n = \frac{N}{V} = 1 \cdot \frac{N_{\mathrm{A}} \cdot \rho}{m_{\mathrm{Mol}}} = 5{,}89 \cdot 10^{28} \, \frac{1}{\mathrm{m}^3}$$

aus den Gold-Daten ermittelt werden kann (die „1" im 3. Term weist noch einmal explizit auf die Zahl der freien Elektronen hin).

Für Gold erhalten wir also eine Plasmafrequenz von

$$\omega_{\mathrm{p}} = 1{,}369 \cdot 10^{16} \, \frac{1}{\mathrm{s}} \, .$$

Oberhalb dieser Frequenz breiten sich also elektromagnetische Wellen in Gold aus; unterhalb dieser Kreisfrequenz wird die Strahlung reflektiert.

Das Goldplättchen sollte aufgrund der Temperaturschwankungen nicht durch ein Halbleiterbauelement ersetzt werden: Die Hauptleitung der elektromagnetischen Wellen in Gold geschieht durch die freien Elektronen, deren Verhalten kaum temperaturabhängig ist, während bei einem Halbleiter bei höherer Temperatur mehr Elektronen vom Valenzband ins Leitungsband wechseln und dadurch das Verhalten des Bauteils (auch gegenüber der Wellenausbreitung) stark verändern.

Kristallfenster als Intensitätsfilter

Eine Messung an einem Kristall der Brechzahl $n = 1{,}5$ ergibt, dass die Intensität von elektromagnetischer Strahlung der Wellenlänge $\lambda = 514$ nm, die senkrecht auf den Kristall fällt, in Reflexion auf 4,2% sinkt. Aus diesem Kristall soll in einer Meßapparatur ein optisches Fenster eingebaut werden, so dass die Intensität der genannten Strahlung (wiederum senkrecht auftreffend) im Durchgang durch den Kristall auf 10% der Ausgangsintensität abgeschwächt wird.
Wie dick muß das Kristallfenster geschnitten werden?

Lösung:

Angesichts der geringen Reflexion der Strahlung kann man das Material als nahezu „durchsichtig" für die Strahlung betrachten und in der Ausgangsbeziehung für den Reflexionskoeffizienten

$$R = \frac{\left(n'-1\right)^2 + \kappa^2}{\left(n'+1\right)^2 + \kappa^2}$$

(mit $n = n' + i\kappa$) n' durch den Wert n (da κ vernachlässigbar klein gegen n ist) ersetzen.

Mit $n = 1,5$ und $R = 0,042$ erhalten wir damit den Imaginärteil des komplexen Brechungsindex zu

$$\kappa = \sqrt{\frac{\left(n-1\right)^2 - \left(n+1\right)^2 \cdot R}{R-1}} = 0,11$$

und mit der Beziehung zwischen κ und dem Absorptionskoeffizienten α letzteren zu

$$\alpha = \frac{4\pi \cdot \kappa}{\lambda} = 2,689 \cdot 10^6 \, \frac{1}{\text{m}}.$$

Mit dem Beerschen Absorptionsgesetz

$$I(z) = I_0 \cdot e^{-\alpha \cdot z}$$

und der technischen Forderung nach

$$\frac{I(z)}{I_0} = 0,1$$

folgt die gesuchte Kristalldicke z zu

$$z = \frac{1}{-\alpha} \cdot \ln\left(\frac{I(z)}{I_0}\right) = 0,85 \cdot 10^{-6} \, \text{m}.$$

Das Kristallfenster muß also 0,85 µm dick geschnitten werden.

Dipolmomente von Gasen und Flüssigkeiten

a) Welches Dipolmoment besitzt ein Wasserstoffmolekül in einem elektrischen Feld der Stärke $E = 200$ V/m ? ($\varepsilon_r - 1 = 2,5 \cdot 10^{-4}$)

b) Welches Dipolmoment erfährt ein Wassermolekül im elektrischen Feld aus a)?

     ($\varepsilon_r = 81$ bei 20° C, $\rho = 998$ kg/m^3)

c) Mit Gasen werden in einem konstanten elektrischen Feld bei verschiedenen Temperaturen Präzisionsmessungen zur Bestimmung der relativen Dielektrizitätszahl ε durchgeführt. Anschließend wird $\varepsilon_r - 1$ über $1/T$ aufgetragen.

Welche Kurve ergibt sich bei diesen Experimenten für Wasserstoff (aus a))?

Wie sieht die Kurve für den Versuch mit HCl-Gas aus?

Skizzieren Sie beide Kurven, wenn bei HCl für $T = 1000$ K der Wert $(\varepsilon_r - 1)_1 = 2 \cdot 10^{-3}$ und bei $T = 250$ K der Wert $(\varepsilon_r - 1)_2 = 4,55 \cdot 10^{-3}$ gemessen wurden.

Berechnen Sie für HCl die interessierende Materialkonstante und das Dipolmoment für ein Molekül bei $T = 423$ K.

(Die molare Masse für Cl beträgt $M_{Cl} = 35,45$ g/mol)

d) Wassermoleküle haben ein Dipolmoment von $p_0 = 0,63 \cdot 10^{-29}$ Asm und einen Winkel von 104° zwischen den beiden Wasserstoff-Sauerstoff-Achsen, wobei der Abstand zwischen Sauerstoff und Wasserstoff $d_{H\text{-}O} = 1,013 \cdot 10^{-10}$ m beträgt.

Schätzen Sie die Anordnung der Ladungsschwerpunkte gegenüber der Molekülausdehnung ab.

Lösung:

a) Wasserstoff H_2 ist ein unpolares Gas mit $\varepsilon_r \approx 1$, so dass wir das einfachste Modell für das Dipolmoment p (proportional zur Stärke des angelegten Feldes E)

$$p = a \cdot E ,$$

ansetzen können. Die molekulare elektrische Polarisierbarkeit α ergibt sich aus den Stoffdaten, indem wir die molare Masse von H_2 zu $M_{H2} = 2$ g/mol und die Gasdichte ρ aus molarer Masse M_{H2} und und dem molaren Volumen $V_{mol.H2} = 22,4 \cdot 10^{-3}$ m³/mol zu

$$\rho_{H_2} = \frac{M_{H_2}}{V_{mol,H_2}} = 89,3 \frac{g}{m^3}$$

bestimmen.

Damit (und mit $N_A = 6,02 \cdot 10^{23}$ 1/mol) läßt sich α berechnen zu

$$\alpha = \frac{\varepsilon_0 \cdot (\varepsilon_r - 1) \cdot M_{H_2}}{N_A \cdot \rho_{H_2}} = 8,23 \cdot 10^{-41} \frac{Asm^2}{V} .$$

Also erhalten wir als Dipolmoment eines H_2-Moleküls

$$p = \alpha \cdot E = 1,65 \cdot 10^{-38} Asm .$$

b) R. Clausius und O.F. Mosotti haben die Gleichung für α aus a) durch einen Korrekturterm ergänzt, der den Einfluss der Nachbarmoleküle bei dicht gepackten Stoffen (also v.a. bei Festkörpern und Flüssigkeiten) berücksichtigt:

$$\alpha = \frac{\varepsilon_0 \cdot (\varepsilon_r - 1) \cdot M}{N_A \cdot \rho} \cdot \frac{3}{\varepsilon_r + 2} .$$

Wie man sieht, geht diese Gleichung für Stoffe mit ε_r nahe bei 1 (dies trifft v.a. bei Gasen zu) in die einfachere Version aus a) über. Mit den angegebenen Daten und $M_{H2O} = 18$ g/mol erhalten wir

$$\alpha = 7{,}67 \cdot 10^{-40} \, \frac{\text{Asm}^2}{\text{V}}$$

und

$$p = 1{,}53 \cdot 10^{-37} \, \text{Asm} \,.$$

c) H_2 ist ein Dielektrikum, besitzt also keine permanenten Dipole, sondern ist aus symmetrischen unpolaren Molekülen aufgebaut, die im elektrischen Feld eine reine Verschiebungspolarisation erfahren.

Eine Veränderung der Temperatur wirkt sich daher nicht auf die Anordnung der Moleküle (und damit auf ε_r) aus, da keine Orientierungspolarisation stattfindet. ε_r bleibt also konstant für variable Werte von T, der Graph im ($\varepsilon_r - 1$)-$1/T$-Diagramm ist eine zur $1/T$-Achse parallele Gerade durch ($\varepsilon_r - 1$) = $2{,}5 \cdot 10^{-4}$ (s. Bild 5.3).

Im Gegensatz zu H_2 ist HCl ein Parelektrikum: Die polaren Moleküle erfahren im elektrischen Feld eine Orientierungspolarisation, die mit wachsender Temperatur abnimmt. Zu dieser temperaturabhängigen (!) Orientierungspolarisation kommt noch die Verschiebungspolarisation dazu, so dass zur molekularen elektrischen Polarisierbarkeit α noch ein temperaturabhängiger Anteil α_T kommt.

α_T kann nach P. Debye über

$$\alpha_T = \frac{p_0^2}{3k_\text{B}T}$$

berechnet werden, wobei p_0 das molekulare elektrische Dipolmoment (ohne angelegtes Feld) darstellt.

Insgesamt ergibt sich also

$$\alpha' = \alpha + \alpha_T = \underbrace{\frac{\varepsilon_0 \cdot \left(\varepsilon_r - 1\right) \cdot M}{N_\text{A} \cdot \rho}}_{=\text{const}} + \underbrace{\frac{p_0^2}{3k_\text{B}T}}_{\propto 1/T} \,.$$

Identifizieren wir α' mit der zugehörigen Permittivitätszahl ε_r (bzw. $\varepsilon_r - 1$), so stellt der obige Ausdruck im α-$1/T$-Diagramm eine Gerade dar mit dem Achsenabschnitt α und der Steigung $p_0^2/(3k_\text{B})$. α stellt also den konstanten Anteil der Verschiebungspolarisation dar.

Da α proportional zu ($\varepsilon_r - 1$) ist, können wir die Daten auch aus dem ($\varepsilon_r - 1$)-$1/T$-Graphen ermitteln, der damit ebenfalls eine Gerade darstellt (s. Bild 5.3).

Zum Achsenabschnitt ($\varepsilon_r - 1$)$_1$ = $2 \cdot 10^{-3}$ (hier bei $1/T$ = 0,001 1/K) gehört der konstante Wert

$$\alpha = \frac{\varepsilon_0 \cdot \left(\varepsilon_r - 1\right)_1 \cdot M}{N_\text{A} \cdot \rho} = 6{,}6 \cdot 10^{-40} \, \frac{\text{Asm}^2}{\text{V}} \,.$$

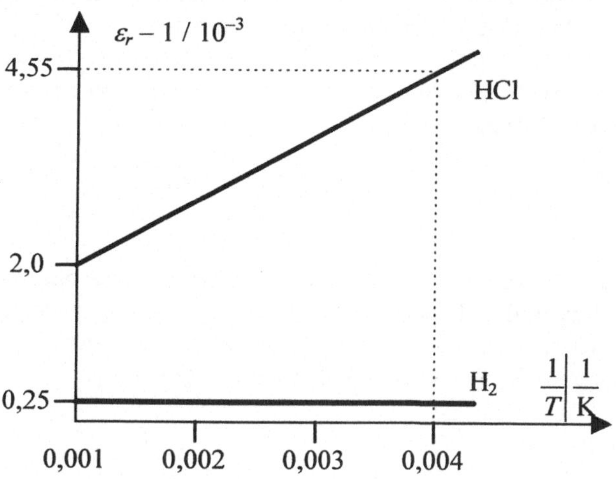

Bild 5.3: $(\varepsilon_r - 1)$-$1/T$-Diagramm für H_2 und HCl

Weiterhin betrachten wir die Steigung der Graphen in Bild 5.3, die

$$\frac{\Delta(\varepsilon_r - 1)}{\Delta\left(\dfrac{1}{T}\right)} = \frac{(\varepsilon_r - 1)_2 - (\varepsilon_r - 1)_1}{\Delta\left(\dfrac{1}{T}\right)} = \frac{2,55 \cdot 10^{-3}}{0,003\,\dfrac{1}{K}}$$

ist – andererseits stimmt die Steigung $p_0^2/(3k_B)$ im α-$1/T$-Gesetz mit folgender Beziehung überein:

$$\frac{p_0^2}{3k_B} = \frac{\Delta\alpha}{\Delta\left(\dfrac{1}{T}\right)} = \frac{\alpha_2 - \alpha_1}{\Delta\left(\dfrac{1}{T}\right)} = \frac{\varepsilon_0 \cdot M}{N_A \cdot \rho}\left[(\varepsilon_r - 1)_2 - (\varepsilon_r - 1)_1\right] \cdot \frac{1}{\Delta\left(\dfrac{1}{T}\right)}.$$

Damit erhalten wir zusammen mit den Werten $M_{HCl} = 36,46$ g/mol und $\rho_{HCl} = M_{HCl}/22,4 \cdot 10^{-3}$ m^3/mol $= 1627$ g/m^3 den Wert

$$p_0 = \sqrt{\frac{\varepsilon_0 \cdot M_{HCl}}{N_A \cdot \rho_{HCl}} \cdot \frac{(\varepsilon_r - 1)_2 - (\varepsilon_r - 1)_1}{\Delta\left(\dfrac{1}{T}\right)} \cdot 3k_B} = 3,4 \cdot 10^{-30}\,\text{Asm}.$$

Für $T' = 423$ K erhält man für den temperaturabhängigen Term der molekularen elektrischen Polarisierbarkeit den Wert

$$\alpha_{T'} = \frac{p_0^2}{3k_B T} = 6,6 \cdot 10^{-40}\,\frac{\text{Asm}^2}{V},$$

und damit also genau den gleichen Beitrag für das Dipolmoment wie bereits der konstante Anteil aufgrund der Deformation der Moleküle hervorruft.

d) Aus den angegebenen Werten läßt sich mittels des Kosinussatzes der Abstand zwischen den H-Atomen (s. Bild 5.4) zu

$$d_{\text{H-H}} = \sqrt{2 \cdot d_{\text{H-O}}^2 - 2d_{\text{H-O}}^2 \cdot \cos 104°} = 1{,}59 \cdot 10^{-10}\,\text{m}$$

berechnen.

Die gewinkelte Struktur des H_2O-Moleküls führt dazu, dass die Ladungsschwerpunkte nicht zusammenfallen und sich damit nicht in ihrer Wirkung gegenseitig aufheben (wie dies etwa bei CO_2 der Fall ist), sondern ein Dipolmoment erzeugen.

Für die Dipollänge ℓ des Wassermoleküls folgt mit $Q = 2e$

$$\ell = \frac{p_0}{Q} = 1{,}96 \cdot 10^{-11}\,\text{m} \ .$$

Dies entspricht etwa 3% der Länge

$$x = 0{,}627 \cdot 10^{-10}\,\text{m}$$

der Symmetrieachse des Moleküls (s. Bild 5.4), d.h. die Ladungsschwerpunkte liegen viel dichter zusammen als normalerweise gezeichnet (und nicht an den „Enden" des Moleküls, wie sie oft angegeben werden).

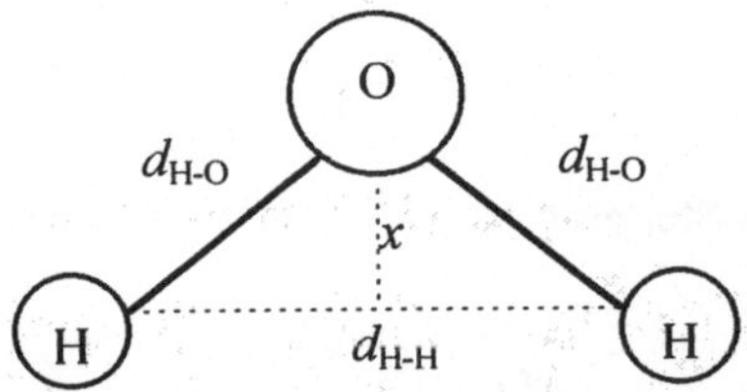

Bild 5.4:   Struktur des H_2O-Moleküls (schematisch)

Ladungsverschiebung in Kaliumchlorid durch Polarisation

Durch Polarisation der Ladungsträger beeinflusst ein elektrisches Feld die Ladungsverteilung in einem Kristall. Schätzen Sie die Ladungsverschiebung, die durch ein statisches elektrisches Feld der Feldstärke E_1 = 1000 V/m bzw. durch ein starkes elektromagnetisches Feld im sichtbaren Bereich der Feldstärke E_2 = 1 MV/m verursacht wird, bezüglich der Gittergeometrie von Kaliumchlorid ab.

(Daten für KCl: Permittivitätszahl ε_r = 4,68, Dichte ρ = 1,99 g/cm^3, molare Masse M = 74,58 g/mol, Brechzahl im sichtbaren Bereich n = 1,46; die Ionenradien für K^+ bzw. Cl^- betragen 0,133 nm bzw. 0,181 nm. Die Gitterkonstante für KCl beträgt 0,3147 nm.)

Lösung:

Die Ladungsverschiebung lässt sich über die Dipollänge ℓ, die den Abstand der Ladungen Q angibt, beschreiben, wobei Q und ℓ über das Dipolmoment p verknüpft sind:

$$p = Q \cdot \ell \,.$$

Das Dipolmoment p läßt sich über die molekulare elektrische Polarisierbarkeit α und die Feldstärke E berechnen nach (wir betrachten hier nur die Beträge der Größen)

$$p = \alpha \cdot E \,,$$

wobei die Polarisierbarkeit aus der Clausius-Mosotti-Gleichung folgt:

$$\alpha = \frac{\varepsilon_0 \cdot (\varepsilon_r - 1) \cdot M}{N_A \cdot \rho} \cdot \frac{3}{\varepsilon_r + 2} \,.$$

Mit den angegebenen Werten erhalten wir für den statischen und den optischen Fall (bei ihm gilt: $\varepsilon_r = n^2$) die beiden Polarisierbarkeiten für den statischen Fall

$$\alpha_{\text{stat}} = 9{,}11 \cdot 10^{-40} \frac{\text{Asm}^2}{\text{V}}$$

bzw. für den optischen Fall

$$\alpha_{\text{opt}} = 4{,}53 \cdot 10^{-40} \frac{\text{Asm}^2}{\text{V}}$$

und daraus die jeweiligen Dipolmomente, zum einen im statischen Fall den Wert

$$p_{\text{stat}} = 9{,}11 \cdot 10^{-37} \,\text{Asm}$$

bzw. im optischen Fall das Dipolmoment

$$p_{\text{opt}} = 4{,}53 \cdot 10^{-34} \,\text{Asm} \,,$$

woraus für die jeweiligen Längen der Dipole (mit $Q = e$) im statischen Fall

$$d_{\text{stat.}} = 5{,}7 \cdot 10^{-18} \,\text{m}$$

und im optischen Fall

$$d_{\text{opt.}} = 2{,}83 \cdot 10^{-15} \,\text{m}$$

folgen.

(Die jeweilige Polarisation läßt sich über die Gleichung

$$P = \varepsilon_0 \cdot (\varepsilon - 1) \cdot E$$

berechnen.)

Damit ist die Ladungsentfernung durch Verschiebungspolarisation um Größenordnungen kleiner als die Ionenradien (bzw. die Gitterkonstante).

5.2 Magnetische Festkörper

Faraday-Effekt bei magnetischen Gläser

Ein magnetisches Glas der Länge $s = 40$ mm und der Dicke $d = 10$ mm wird in ein Magnetfeld einer stromdurchflossenen Spule gebracht. Anschließend wird linear polarisiertes Licht in Richtung der magnetischen Feldlinien eingestrahlt.

In Abhängigkeit von der Stromstärke wurden der Drehwinkel Θ des linear polarisierten Lichts nach folgender Tabelle gemessen:

$I\,/\,A$	4,09	6,12	8,75	10,16	12,2	15,23	17,18
$\Theta\,/\,°$	1	1,5	2	2,5	3	3,5	4

Berechnen Sie aus den genannten Messwerten die Verdet-Konstante und ermitteln Sie die Art des magnetischen Glases.

(Die Spulendimensionen sind $l = 75$ mm, $d_{außen} = d_1 = 132$ mm, $d_{innen} = d_2 = 20$ mm und $N = 336$.)

Lösung:

Wird die Schwingungsebene von linear polarisiertem Licht beim Durchgang durch magnetische Stoffe gedreht, so bezeichnet man diese Erscheinung als Faraday-Effekt.

Der Drehwinkel Θ der Polarisationsebene ergibt sich hierbei zu

$$\Theta = \frac{V \cdot s \cdot B}{\mu_0},$$

wobei V die Verdet-Konstante der untersuchten Probe ist.

Es muss nun die magnetische Flussdichte am Ort der Probe berechnet werden. Für eine Spule mit endlicher Länge gilt

$$B = \frac{\mu_0 \cdot N \cdot I}{\sqrt{d^2 + l^2}}.$$

Da unsere Spule einen Innen- und einen Außendurchmesser besitzt; d.h. die Windungen der Spule in mehreren Lagen aufgebracht sind, muss über den Radius von r_2 bis r_1 integriert werden gemäß

$$B = \mu_0 \cdot I \cdot \int_{r_2}^{r_1} \frac{dN}{dr} \cdot \frac{1}{\sqrt{4 \cdot r^2 + l^2}}\, dr.$$

Mit

$$\frac{dN}{dr} = \frac{N}{\Delta r} = \frac{N}{\frac{1}{2}\cdot(d_1 - d_2)} = 6000\ \frac{1}{m}$$

und

$$\int_{r_2}^{r_1} \frac{1}{\sqrt{4\cdot r^2 + l^2}}\,dr = \operatorname{arcsin} h\!\left(\frac{2\cdot r_1}{l}\right) - \operatorname{arcsin} h\!\left(\frac{2\cdot r_2}{l}\right)$$

lässt sich die magnetische Flussdichte in Abhängigkeit von der Stromstärke I zu

$$B = 4{,}034\ \frac{mT}{A}\cdot I$$

berechnen.

Mit Hilfe der Gleichung zur Bestimmung der Verdet-Konstanten erhalten wir die entsprechend erweiterte Messtabelle:

$I\,/\,A$	4,09	6,12	8,25	10,16	12,2	15,23	17,18
$B\,/\,mT$	16,50	24,69	33,28	40,99	49,21	61,44	69,30
$\Theta\,/\,°$	1	1,5	2	2,5	3	3,5	4
$V\,/\,10^{-3}\,°\cdot 1/A$	1,90	1,91	1,89	1,92	1,91	1,71	1,81

Der Mittelwert der Verdet-Konstante ergibt damit sich zu

$$V_m = 1{,}86\cdot 10^{-3}\ °\cdot 1/A.$$

Da der Drehwinkel Θ und folglich auch die Verdet-Konstante positiv sind, handelt es sich um ein diamagnetisches Glas.
(Bei negativem Drehwinkel bzw. negativer Verdet-Konstante würde ein paramagnetisches Glas vorliegen.)
Häufig findet man in der Literatur die Einheit min/(Oe·cm). Die Werte müssen entsprechend

$$1\ Oe\ =\ 79{,}58\ \frac{A}{m}$$

umgerechnet werden, so dass wir für unsere Probe erhalten

$$V_m = 0{,}088\ \frac{min}{Oe\cdot cm}.$$

Umlaufzeit von Elektronen im Magnetfeld

Mit Hilfe von experimentellen Methoden lassen sich Fermi-Flächen von Metallen sehr genau vermessen. Dazu wird ein Natrium-Kristall in ein Magnetfeld der magnetischen Flussdichte 4 T gebracht.

Berechnen Sie die Umlaufdauer eines freien Elektrons um die Fermi-Fläche im Magnetfeld und vergleichen Sie das Ergebnis mit dem Resultat im Ortsraum.

Die effektive Masse von Natrium beträgt $m_e{}^* = 0{,}6 \cdot m_e$.

Lösung:

Für ein Elektron, das sich in einem Magnetfeld befindet, stellen wir die Bewegungsgleichung

$$\hbar \cdot \frac{\mathrm{d}\boldsymbol{k}}{\mathrm{d}t} = -e \cdot \left(\boldsymbol{v} \times \boldsymbol{B} \right)$$

auf. Für $\boldsymbol{v}$ wird der Ausdruck

$$\boldsymbol{v} = \frac{1}{\hbar} \cdot \mathrm{grad}_k E(\boldsymbol{k})$$

eingesetzt, so dass wir

$$\frac{\mathrm{d}\boldsymbol{k}}{\mathrm{d}t} = \frac{e}{\hbar^2} \cdot \left(\boldsymbol{B} \times \mathrm{grad}_k E(\boldsymbol{k}) \right)$$

erhalten.

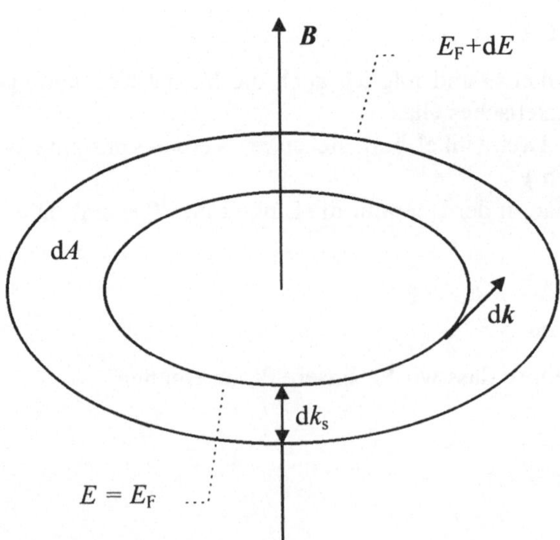

Bild 5.5:   Umlauf eines Elektrons um die Fermi-Fläche

Die Elektronen laufen entsprechend Bild 5.5 tangential zur Fläche mit konstanter Energie.

Die Umlaufzeit wird berechnet über

$$T = \int \mathrm{d}t = \frac{\hbar^2}{e \cdot B} \oint \frac{\mathrm{d}k}{\dfrac{\mathrm{d}E}{\mathrm{d}k_s}} \,,$$

wobei

$$\frac{\mathrm{d}E}{\mathrm{d}k_s}$$

die Komponente des Gradienten senkrecht zum Magnetfeld ist. Integrieren wir über einen Umlauf und beachten, dass

$$\oint \mathrm{d}k_s \mathrm{d}k = \mathrm{d}A \,,$$

so ergibt sich für die Umlaufzeit

$$T = \frac{\hbar^2}{e \cdot B} \cdot \frac{\mathrm{d}A}{\mathrm{d}E} \,.$$

Da es sich hier um freie Elektronen handelt, sind die Umlaufzeiten alle gleich und die Umlaufbahn im k-Raum ist eine Kreisbahn. In diesem Fall gilt

$$A = \pi \cdot k^2 = \frac{2 \cdot \pi \cdot m_e{}^* \cdot E}{\hbar^2}$$

und damit

$$\frac{\mathrm{d}A}{\mathrm{d}E} = \frac{2 \cdot \pi \cdot m_e{}^*}{\hbar^2} \,.$$

Setzen wir diesen Ausdruck in die Bestimmungsgleichung für die Umlaufzeit ein, so erhalten wir

$$T = \frac{2 \cdot \pi \cdot m_e{}^*}{e \cdot B} \,.$$

Für ein Magnetfeld mit der Flussdichte 4 T ergibt sich damit die Umlaufzeit zu

$$T = 5{,}36 \cdot 10^{-12} \text{ s.}$$

Natürlich hat die Umlaufzeit im Ortsraum den gleichen Wert, wie sich durch die klassische Herleitung leicht zeigen läßt.

Bewegt sich ein Elektron im Magnetfeld, so tritt die Lorentz-Kraft als Zentripetalkraft auf und wir können folgern:

$$e \cdot \omega \cdot r \cdot B = m_e{}^* \cdot \omega^2 \cdot r \,.$$

Daraus folgt für die Umlauffrequenz, die wir mit ω_c bezeichnen:

$$\omega_c = \frac{2 \cdot \pi}{T} = \frac{e \cdot B}{m_e{}^*}.$$

Die Umlauffrequenz ω_c von Elektronen in Magnetfeldern wird auch Zyklotronfrequenz genannt.

De-Haas-van-Alphen-Effekt

Berechnen Sie zunächst die Fermi-Fläche des freien Elektrons von einwertigem Natrium für eine Kreisbahn ($\rho_{Na} = 0{,}97$ g/cm^3, $M_{Na} = 22{,}99$ g/mol).

Trägt man für Natrium die Magnetisierung gegen den reziproken Wert der magnetischen Flussdichte auf, so ergeben sich Oszillationen der Periode $\Delta(1/B) = 3{,}4{\cdot}10^{-5}$ T.

Berechnen Sie für diesen Fall die Fermi-Fläche und vergleichen Sie beide Ergebnisse miteinander.

Lösung:

Für den Fall, dass es sich um freie Elektronen handelt, ist die umlaufene Fläche eine Kreisfläche mit dem Inhalt

$$A_F = \pi \cdot k_F^2,$$

wobei k_F der Radius der Fermi-Fläche darstellt. Diese lässt sich mit Hilfe der Gleichung

$$k_F = \left(3 \cdot \pi^2 \cdot n\right)^{1/3}$$

berechnen. Die Elektronendichte für Natrium ergibt sich aus

$$n = \frac{N_A \cdot \rho \cdot z}{M}$$

mit $z=1$ (einwertiges Metall) zu

$$n = 2{,}54{\cdot}10^{28} \ 1/\text{m}^3.$$

Für die Kreisfläche erhalten wir also

$$A_F = 2{,}598{\cdot}10^{20} \ 1/\text{m}^2.$$

Bei tiefen Temperaturen zeigt die Magnetisierung eines Festkörpers periodische Schwankungen in Abhängigkeit von der magnetischen Flussdichte.

Die Quantenoszillationen sind von der Richtung des Magnetfeldes abhängig. Diese Erscheinung bezeichnet man als den de-Haas-van-Alphen-Effekt. Die Extremalfläche der Fermi-Fläche steht senkrecht zur Richtung des Magnetfeldes, ist durch die Gleichung

$$A = \frac{2 \cdot \pi \cdot e}{\hbar \cdot \Delta\left(\dfrac{1}{B}\right)}$$

gegeben und berechnet sich zu

$$A = 2{,}808 \cdot 10^{20} \; 1/m^2.$$

Der experimentell ermittelte Wert für die Extremalfläche stimmt weitgehend mit der Fermi-Fläche der Kreisbahn für freie Elektronen überein.

Am Beispiel von Kupfer wurde gezeigt, dass die Fermi-Fläche deutlich nicht kugelförmig ist. Acht sogenannte „Halsbahnen" berühren die Begrenzungsflächen der ersten Brillouin-Zone des fcc-Gitters von Kupfer. Außerdem wurden zwei sogenannte „Bauchbahnen" in den Richtungen [111] und [100] experimentell bestimmt. In unserem Fall handelt es sich also um die Fläche einer „Bauchbahn".

Bestimmung der effektiven Masse mittels Zyklotronresonanz

Die elektrischen Eigenschaften der Halbleiter und Metalle hängen von der effektiven Masse der Ladungsträger ab. Diese lässt sich sehr genau mit Hilfe der Zyklotronresonanz bestimmen. Dabei wurde für Kupfer eine Frequenz $v = 2{,}4 \cdot 10^{10}$ 1/s bei einem magnetischen Feld der Flussdichte 0,36 T, das parallel zur [001]-Richtung zeigte, gemessen.
Berechnen Sie die effektive Masse von Kupfer.

Lösung:

Bei Experimenten bezüglich der Zyklotronresonanz muss die Bedingung eingehalten werden, dass die Relaxationszeit τ groß gegenüber der Umlaufzeit der Elektronen im Magnetfeld ist; d.h. es muss

$$\omega_c \cdot \tau \gg 1$$

gelten. Dies lässt sich erfüllen, wenn einerseits ein starkes Magnetfeld für eine hohe Zyklotronfrequenz ω_c sorgt und andererseits der Kristall möglichst geringe Fehlstellen besitzt bzw. die Experimente bei geringen Temperaturen durchgeführt werden.
(Man misst im allgemeinen bei einer Kristalltemperatur von 4 K und einer magnetischen Flussdichte von etwa 1 T.)
Für die Zyklotronfrequenz erhalten wir

$$\omega_c = 2 \cdot \pi \cdot v = 1{,}507 \cdot 10^{11} \; 1/s.$$

Setzt man die Resonanzfrequenz in die Gleichung

$$m_e{}^* = \frac{e \cdot B}{\omega_c}$$

ein, so ergibt sich für die effektive Masse m_e^* von Kupfer

$$m_e^* = 3{,}825 \cdot 10^{-31} \text{ kg.}$$

Dies entspricht einer 0,42-fachen Masse eines Elektrons; d.h. wir erhalten

$$m_e^* = 0{,}42 \cdot m_e.$$

Bestimmung der magnetischen Suszeptibilität mittels der Gouy-Waage

Die magnetische Suszeptibilität einer kristallinen Probe wird bestimmt, indem eine zylindrische Probe an einem Balkenende der Gouyschen Waage aufgehängt wird, die sich vor Versuchsbeginn im Gleichgewicht befindet. Das untere Ende der Probe wird in ein Magnetfeld gebracht. Um die Waage wieder ins Gleichgewicht zu bringen, muss ein Ausgleichsgewicht am anderen Balkenende aufgelegt werden (s. Bild 5.6):

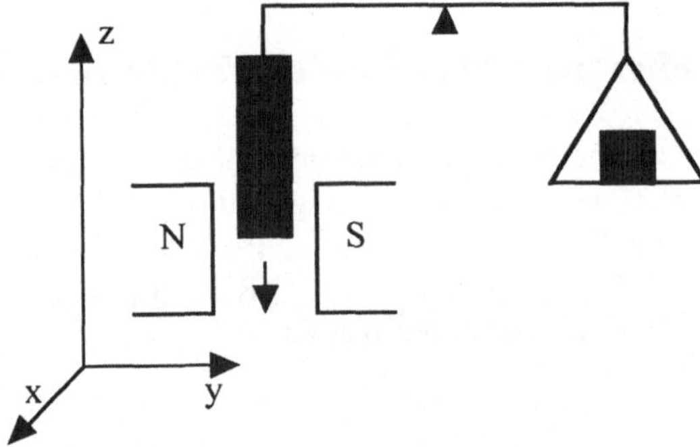

Bild 5.6:   Schema der Gouy-Waage

Berechnen Sie für eine zylindrische Probe mit dem Durchmesser $d = 2r = 5$ mm, die in ein Magnetfeld der Stärke $H = 10^4$ Oe gebracht und mit einem Gegengewicht von 0,5 g ausgeglichen wird, die magnetische Suszeptibilität des Stoffes.
Um welche Form des Magnetismus handelt es sich?

Lösung:

Die Energiedichte des Magnetfeldes mit Materie berechnet sich aus der bekannten Formel

$$\frac{E_{\text{mag}}}{V} = \frac{H^2 \cdot \mu_0 \cdot \mu}{2},$$

für ein Magnetfeld ohne Materie gilt die entsprechende Aussage mit $\mu = 1$, so dass wir für die resultierende Energiedichte des magnetischen Feldes

$$\frac{E_{\mathrm{mag}}}{V} = \frac{H^2 \cdot \mu_0 \cdot \mu}{2} - \frac{H^2 \cdot \mu_0}{2} = \frac{H^2 \cdot \mu_0 \cdot (\mu - 1)}{2}$$

erhalten. Mit der Definition der magnetischen Suszeptibilität

$$\chi = \mu - 1$$

ergibt sich für die Energie des Magnetfeldes

$$E_{\mathrm{mag}} = \int \frac{H^2 \cdot \mu_0 \cdot \chi}{2} \, dV \;.$$

Das Volumenelement lässt sich mit

$$\int_V dV = \int_0^z A\,dz' = \int_0^z \pi \cdot r^2 \, dz'$$

weiter zerlegen, so dass sich für die magnetische Energie das Integral

$$E_{\mathrm{mag}} = \int_0^z \frac{H^2 \cdot \mu_0 \cdot \chi \cdot \pi \cdot r^2}{2} \, dz'$$

ergibt. Die auf die Probe wirkende Kraft ist

$$F_z = -\frac{d}{dz} E_{\mathrm{mag}} = -\left(\frac{H^2 \cdot \mu_0 \cdot \chi \cdot \pi \cdot r^2}{2} \right) \cdot \frac{d}{dz} \underbrace{\int_0^z dz'}_{=1} \;,$$

die eine Gewichtskraft ist und in negativer z-Richtung wirkt, also gilt gleichzeitig

$$F_z = -m \cdot g \;,$$

so dass die magnetische Suszeptibilität berechnet werden kann zu

$$\chi = \frac{2 \cdot m \cdot g}{H^2 \cdot \mu_0 \cdot \pi \cdot r^2} \;.$$

Für unsere Probe erhalten wir damit einen Wert von

$$\chi = 6{,}28 \cdot 10^{-4}$$

(wie die Einheitenrechnung zeigt, ist diese Größe dimensionslos).

Die magnetische Suszeptibilität der Probe ist positiv, d.h., es muss sich um einen paramagnetischen Stoff handeln.

Allgemein läßt sich sagen, dass paramagnetische Stoffe ins Magnetfeld hineingezogen werden und somit eine scheinbare „Gewichtszunahme" erfahren.

5.3 Supraleitung

Absorption elektromagnetischer Strahlung in Supraleitern

Bei der Temperatur $T = 1,5$ K wird in einen Hohlraum aus reinem Indium elektromagnetische Strahlung variabler Wellenlänge eingestrahlt; die Intensität der aus dem Hohlraum austretenden reflektierten Strahlung I_S wird gemessen. Zuvor wurde im normalleitenden Zustand die Intensität I_N der aus dem Hohlraum reflektierten Strahlung gemessen. Als Messkurve wurde Bild 5.7 ermittelt:

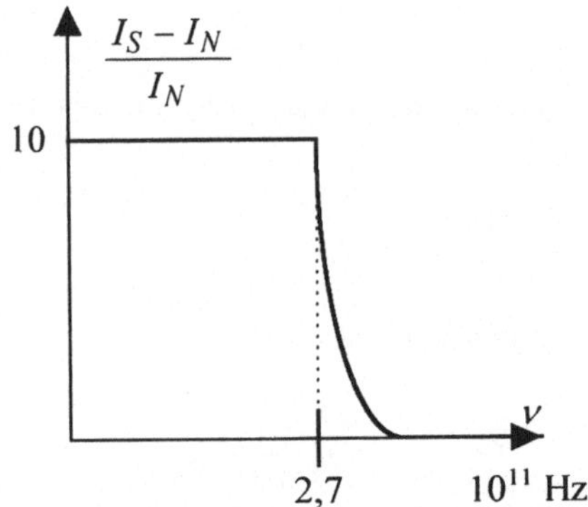

Bild 5.7:   Intensitätsdiagramm von Indium bei $T = 1,5$ K in Abhängigkeit von der Wellenlänge der einfallenden Strahlung, I_S = Intensität der reflektierten Strahlung im supraleitenden Zustand, I_N = Intensität der reflektierten Strahlung im normalleitenden Zustand

Wie kommt der Kurvenverlauf zustande? Wie groß ist die Energielücke von Indium?

Wie groß ist die Sprungtemperatur von Indium nach der BCS-Theorie, wenn man diesen Versuch betrachtet?

Lösung:

Im supraleitenden Zustand ist die Absorption bei kleineren Wellenlängen zunächst deutlich kleiner als im normalleitenden Zustand. Dies hängt damit zusammen,dass im normalleitenden Zustand die Strahlung auf freie Elektronen trifft, die angeregt werden können, während hier zunächst die Energielücke des Supraleiters von den Elektronen überwunden werden muss.

Der rapide Abfall im Intensitätsdiagramm ist eine Folge der (hier) bei $v = 2,7 \cdot 10^{11}$ Hz einsetzenden Absorption der elektromagnetischen Strahlung,. Ab dieser Frequenz können die Ordnungsstrukturen des Supraleiters aufgebrochen und einzelne Elektronen über die Energielücke 2Δ hinaus angeregt werden werden.

D.h., eine Absorption von Strahlung der Wellenlänge ν findet dann statt, wenn

$$h\nu \geq 2\Delta \ ,$$

bzw.

$$h\nu_{\min} = 2\,\Delta.$$

In unserem Fall erhalten wir die Breite der Energielücke bei $\nu = 2{,}7 \cdot 10^{11}$ Hz zu

$$2\Delta = h\nu = 1{,}899 \cdot 10^{-22}\,\mathrm{J} = 1{,}187 \cdot 10^{-3}\,\mathrm{eV}\ .$$

Die BCS-Theorie macht für alle Supraleiter die generelle Aussage, dass die Energielücke über

$$2\Delta = 3{,}5 \cdot k_{\mathrm B} \cdot T_C$$

(T_C = Sprungtemperatur, bzw. kritische Temperatur) berechenbar ist.

Da diese Theorie auf starken Vereinfachungen beruht, wird sie nicht allen Materialien gerecht (u.a. nicht Blei und Quecksilber und (paramagnetisch) verunreinigten Stoffen). Sie gilt aber (wie entsprechende Versuche gezeigt haben) für viele Stoffe, u.a. Indium, so dass wir für die Sprungtemperatur nach der BCS-Theorie

$$T = \frac{2\Delta}{3{,}5 \cdot k_{\mathrm B}} = 3{,}93\,\mathrm{K}$$

folgern dürfen. (Der Literaturwert liegt bei $T_C = 3{,}42$ K)

(Die Intensität I_N wird gemessen, um Absorptionseffekte, die nicht auf der Supraleitung beruhen, von dieser abgrenzen zu können.)

Kontaktstrom im supraleitenden Zustand

Eine dünne Isolatorschicht trennt eine Blei- und eine Aluminiumschicht voneinander. An diesem Metallkontakt wird bei einer Temperatur von $T = 0{,}5$ K eine Strom-Spannungs-Kennlinie aufgenommen, die in Bild 5.8 wiedergegeben ist.

Wie kommt es zu den beiden Extrema (Maximum und Minimum)? Wie groß sind die Energielücken der beiden Metalle, die bei dieser Temperatur supraleitend sind (es sei $T_{C,\mathrm{Pb}} > T_{C,\mathrm{Al}}$).

(Hinweis: Man kann im Bereich zwischen $T = 0$ K und $T = T_C/2$ davon ausgehen, dass sich die Energielücke eines Supraleiters nur wenig ändert.)

Bei welcher Temperatur werden die beiden Extrempunkte verschwinden? Wie sieht dann der Zusammenhang zwischen Strom und Spannung aus?

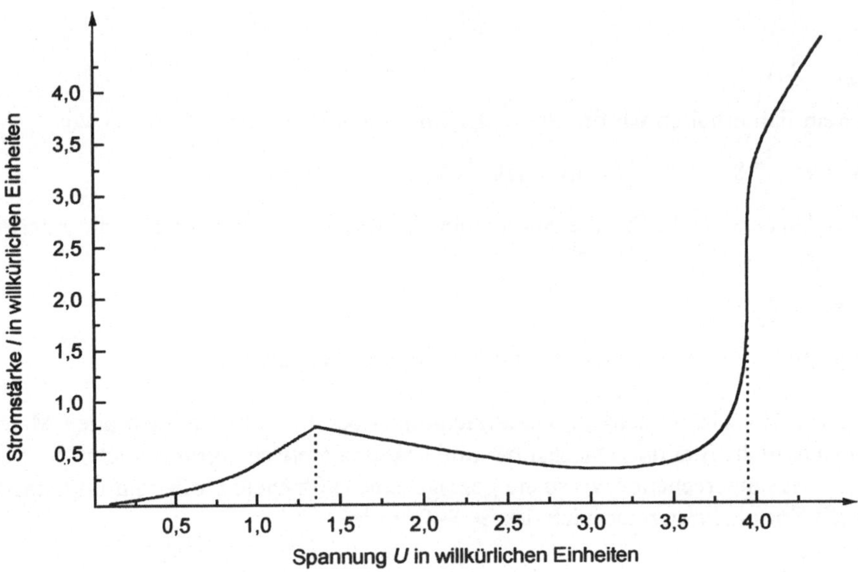

Bild 5.8:   Strom-Spannungskennlinie an einem Metallkontakt

Lösung:

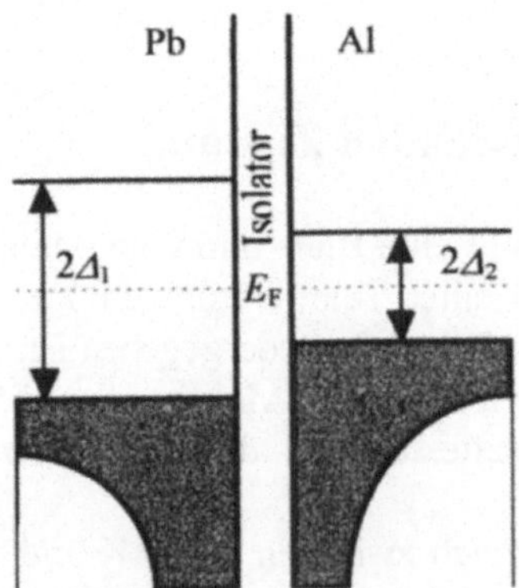

Bild 5.9:   Schematische Lage der Energieniveaus an einem supraleitenden Blei-Aluminium-Kontakt

Bei $T = 0{,}5$ K sind stets einige Elektronen oberhalb der Energielücke angeregt. Unterhalb der Lücke besetzen Cooper-Paare die Zustände (s. Bild 5.9).

Verschiebt man durch eine äußere Spannung U_1 (hier 1,18 mV) die beiden Fermi-Niveaus gegeneinander, so verbessert sich der Überlapp der beiden Leitungsbänder – bis zur Spannung $U_1 = \Delta_1 - \Delta_2$ (s. Bild 5.10). Bis zu dieser Spannung steigt also die Stromstärke an:

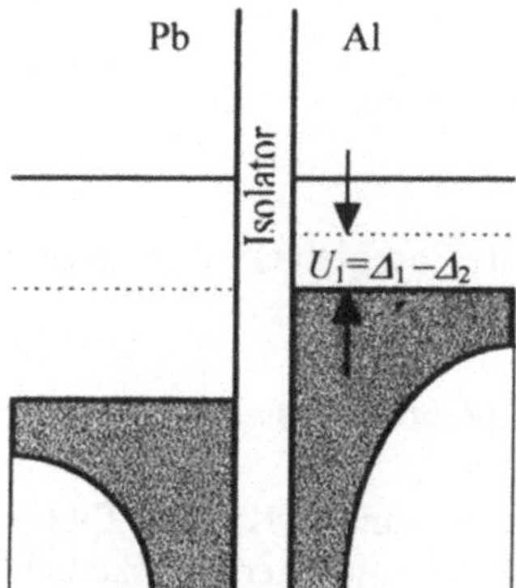

Bild 5.10: Schematische Lage der Energieniveaus an einem supraleitenden Blei-Aluminium-Kontakt bei angelegter äußerer Spannung

Wird die angelegte Spannung weiter erhöht, geht die Überlappung wieder verloren, so dass die Stromstärke wieder zurückgeht. Der Strom steigt erst dann wieder an, wenn aufgrund der Spannung den vollbesetzten Niveaus des einen Supraleiters die leeren Niveaus des anderen Supraleiters gegenüberstehen, was ab $U_2 = \Delta_1 + \Delta_2$ der Fall ist (s. Bild 5.11; hier: $U_2 = 1,52$ mV):

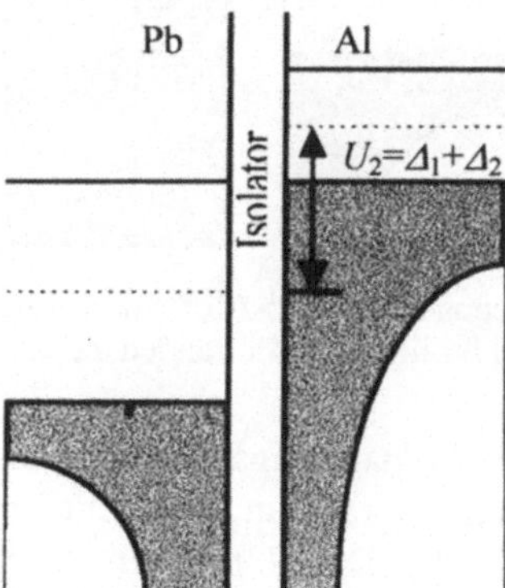

Bild 5.11: Schematische Lage der Energieniveaus an einem supraleitenden Blei-Aluminium-Kontakt bei erhöhter angelegter äußerer Spannung

Aus diesen Vorgängen lassen sich die Energielücken für die beiden Supraleiter (hier Blei und Aluminium) ableiten:

Aus

$$U_2 = \Delta_1 + \Delta_2$$

und

$$U_1 = \Delta_1 - \Delta_2$$

folgt für die Energielücke von Blei

$$2\Delta_1 = U_2 + U_1 = 2,7 \text{ mV}$$

und für die Energielücke von Aluminium

$$2\Delta_2 = U_2 - U_1 = 0,34 \text{ mV}.$$

Die BCS-Theorie liefert für die Energielücke den Zusammenhang

$$3,5 k_B T_C = 2\Delta \ (T = 0),$$

so dass man die kritischen Temperaturen für die beiden Materialien abschätzen kann zu $T_{C,\text{Pb}} = 8,9$ K und $T_{C,\text{Al}} = 1,1$ K.

Da die Experimentiertemperatur von 0,5 K unter $T_C/2$ bei beiden Supraleitern liegt, ist die Voraussetzung gerechtfertigt, dass die Energielücke bei $T = 0,5$ K etwa der bei $T = 0$ K entspricht.

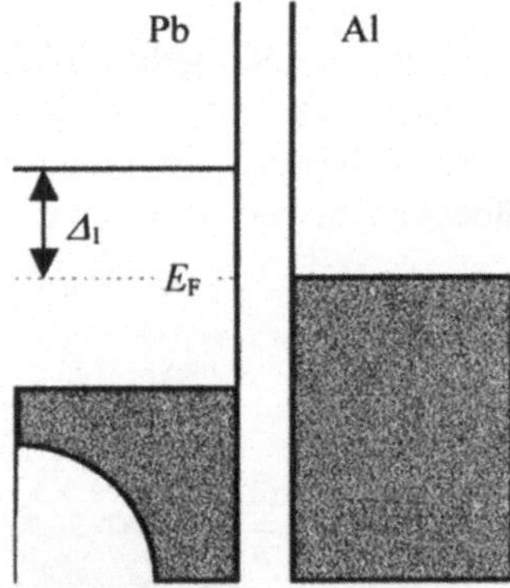

Bild 5.12: Schema der Energieniveaus eines Blei-Aluminium-Kontaktes, angelegte Spannung gleich Null, der Aluminiumteil ist im normalleitenden Zustand

Die Extremstellen in der Strom-Spannungs-Charakteristik werden verschwinden, wenn eines der beiden Materialien vom supra- zum normalleitenden Zustand übergeht (s. Bild 5.12 für eine Spannung von $U = 0$). Da Aluminium die niedrigere kritische Temperatur besitzt, reicht es aus, eine Temperatur T_2 zu wählen, die nur ein wenig über $T_{C,\text{Al}}$ liegt, aber noch unter $T_{C,\text{Pb}}$ bleibt.

Mit steigender Spannung steigt der Strom auch nur langsam an. Bei einer Spannung $U_3 = \Delta_1$ können dann aber Cooper-Paare in die freien Niveaus des Normalleiters fließen, so dass ein Tunnelstrom durch die Isolatorschicht fließt. In diesem Versuch würde also der Anstieg der Strom-Spannungs-Kennlinie bei $U_3 = 1,35$ mV beginnen.

Geometrie der Flussfäden

Bei einem Supraleiter 2. Art wird das untere kritische Magnetfeld zu $H_{c1} = 40$ kA/m gemessen. Bei einer Erhöhung des magnetischen Feldes auf $H_a = 50$ kA/m beträgt die diamagnetische Magnetisierung $M = 20$ kA/m.

Wie groß ist der Abstand zwischen den Mittelpunkten der Flussfäden?

Lösung:

Bei der Betrachtung der Geometrie der Flussfäden kann man davon ausgehen, dass alle Flussfäden gleich weit voneinander entfernt sind, also auf den Eckpunkten gleichseitiger Dreiecke liegen (s. Bild 5.13).

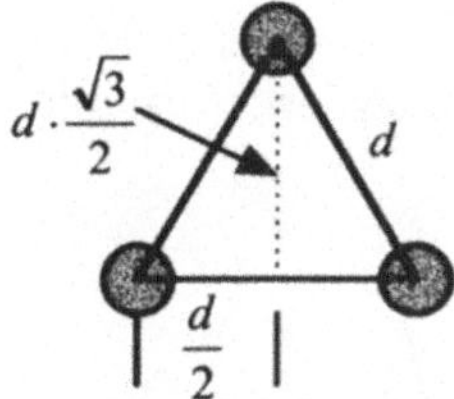

Bild 5.13: geometrische Visualisierung der gegenseitigen Lage von Flußfäden

Da es sich um einen Supraleiter 2. Art handelt und das äußere Magnetfeld größer ist als die untere kritische Magnetfeldstärke, kann man das verbleibende innere Magnetfeld ermitteln zu

$$H_i = H_a - M = 3 \cdot 10^4 \, \frac{\text{A}}{\text{m}}.$$

Damit läßt sich die magnetische Flussdichte des inneren Magnetfeldes errechnen – und in Beziehung setzen zum magnetischen Fluss Φ und zur Querschnittsfläche A (Bild 5.13):

$$B_i = \mu_0 \cdot H_i = \frac{\Phi_i}{A} = \frac{3 \cdot \dfrac{\Phi_0}{6}}{d \cdot \dfrac{\sqrt{3}}{2} \cdot \dfrac{d}{2}},$$

wobei

$$\Phi_0 = \frac{h}{2e}$$

der magnetische Fluss eines einzelnen Flussquants ist.

Wir erhalten damit als Abstand d der Flußquanten zueinander

$$d = \sqrt{\frac{4 \cdot \Phi_0}{2 \cdot \mu_0 \cdot H_i \cdot \sqrt{3}}} = 0{,}252 \cdot 10^{-6} \, \text{m}.$$

Bestimmung von Flussquantenzahlen

Eine supraleitende Kreisscheibe mit einem Durchmesser von $r = 5\mu m$ ist unter die Sprungtemperatur abgekühlt und wird aus einem feldfreien Raum in ein konstantes Magnetfeld der Flussdichte $B = 5\ mT$ gebracht.

Wieviele Flussquanten wurden in der Kreisscheibe erzeugt?

Lösung:

Ein einzelnes Flussquant besitzt den Fluss

$$\Phi_0 = \frac{h}{2e}.$$

Außerdem wird der magnetische Fluss des äußeren Feldes durch die induzierten Flussquanten in der Fläche F gerade kompensiert. Also gilt (mit der vorgegebenen Kreisgeometrie)

$$n \cdot \Phi_0 = \int B\mathrm{d}F = B \cdot \pi \cdot r^2.$$

Mit den angegebenen Werten errechnet man daraus, dass also fast

$$n = 190$$

Flussquanten in der Kreisscheibe erzeugt wurden.

Magnetisierung von Metallproben am Nullpunkt

Eine lange zylinderförmige Probe aus reinem Blei wird bis nahe an den absoluten Nullpunkt abgekühlt und in ein variables Magnetfeld gebracht. Die Magnetisierung M der Probe steigt mit wachsender Feldstärke an und bricht bei 80 mT plötzlich zusammen. Die Messung von Absorption elektromagnetischer Strahlung ergibt ein Eindringen der Wellen in die Probe ab Frequenzen von 662 GHz.

a) Berechnen Sie die Eindringtiefe nach der London-Theorie und die Ausdehnung eines Cooper-Paares nach der BCS-Theorie. Begründen Sie mit diesen Werten anhand der BCS-Theorie das beobachtete Verhalten der Probe. Bis in welche Probentiefe ist das Magnetfeld auf die Hälfte seines Wertes abgesunken?

b) Eine andere Bleiprobe, die mit einigen Prozentanteilen Indium legiert ist, wird anstelle der ersten Probe in die Versuchsanordnung eingebracht. Bei dieser zweiten Substanz nimmt die Magnetisierung stetig bis zu einem äußeren Magnetfeld der Stärke 170 mT ab.

Bei welcher Flussdichte des Feldes ist die Magnetisierung am größten? Welche geometrische Beziehung besteht zwischen den Versuchsergebnissen aus a) und b), wenn man die Magnetisierung M über dem angelegten äußeren Magnetfeld B_a aufträgt?

(Daten für Blei: $T_C = 7{,}2\ K$; Elektronenkonzentration $n_e = 13{,}2 \cdot 10^{22}\ cm^{-3}$, Gitterkonstante $a = 0{,}495\ nm$)

Lösung:

a) Für diesen Supraleiter I. Art liefert die London-Theorie für die Eindringtiefe nach

$$\lambda_{\mathrm{L}} = \sqrt{\frac{m_{\mathrm{e}}}{\mu_0 \cdot n_{\mathrm{e}} \cdot 4e^2}}$$

das Ergebnis

$\lambda_{\mathrm{L}} = 7{,}3$ nm.

(Da die Theorie nach London starke Vereinfachungen im Modell macht, ist dieses Ergebnis nur sehr grob, neuere Untersuchungen an Bleipräparaten ergaben Eindringtiefen von ca. 32 nm bis 40 nm.)

Die BCS-Theorie liefert für die Ausdehnung ξ_{Co} eines Cooper-Paares über die Kohärenzlänge ξ_0 nach der Beziehung

$$\xi_{\mathrm{Co}} = \frac{\pi}{2} \cdot \xi_0 = \frac{\pi}{2} \cdot \frac{2 \cdot \hbar \cdot v_{\mathrm{F}}}{\pi \cdot E_{\mathrm{g}}}$$

das Ergebnis

$\xi_{\mathrm{Co}} = 432$ nm,

wobei wir neben der bekannten Methode zur Berechnung der Fermi-Geschwindigkeit

$v_{\mathrm{F}} = 1{,}8 \cdot 10^6$ m/s

für die Berechnung der Energielücke E_{g} beim Supraleiter die Kenntnis der Absorption herangezogen haben.

Da die Probe Wellenlängen über den genannten $v = 662$ GHz absorbiert, d.h. diese Mindestenergie benötigt, um Cooper-Paare aufzubrechen und Elektronen in Niveaus oberhalb der Energielücke zu katapultieren, muss die Energielücke

$E_g = h\,v = 4{,}37 \cdot 10^{-22}$ J

betragen.

Das Ergebnis zeigt, dass die Elektronen eines Cooper-Paars über viele hundert Gitterkonstanten hinweg in Beziehung stehen.

Um das Verhalten der Bleiprobe als Supraleiter I. Art nach der BCS-Theorie zu begründen, genügt es, den Ginzburg-Landau-Parameter κ zu berechnen, der für einen Supraleiter I. Art den „Schwellenwert"

$$\kappa = \frac{1}{\sqrt{2}} \approx 0{,}7$$

unterschreiten sollte.

Eigentlich benötigen wir dazu den Wert ξ_{GL}, der über

$$\xi_{GL} = \xi_0 \cdot \frac{\lambda(T,l^*)}{\lambda(0,\infty)}$$

(l^* mittlere freie Weglänge)
mit der Ausdehnung eines Cooper-Paares verknüpft ist, wir haben aber in den Versuchs-
bedingungen $T = 0$ K und einen reinen Halbleiter vorausgesetzt (d.h. l^* wird als unendlich
groß angenommen), so dass hier

$$\xi_{GL} = \xi_{C_0}$$

wird.

Damit erhalten wir für den Ginzburg-Landau-Parameter den Wert

$$\kappa = 0{,}017 < 0{,}7,$$

was das Verhalten der Probe als Supraleiter I. Art nach der Theorie rechtfertigt – auch bei
höheren Eindringtiefen wird der „Schwellenwert" in der Ginzburg-Landau-Theorie noch
unterschritten.

Das Magnetfeld in der Oberfläche der Probe gehorcht der Gleichung

$$B(x) = B_0 \cdot e^{-\frac{x}{\lambda_L}},$$

so dass wir bei einer Tiefe von 5,1 nm unter der Oberfläche der Probe nur noch die Hälfte
der Magnetfeldstärke antreffen.

b) Durch das Zulegieren von Fremdatomen wird die mittlere freie Weglänge für die
Elektronen kleiner, da sie an den Fremdatomen gestreut werden. Dies bedeutet, dass die
Ausdehnung der Cooper-Paare kleiner wird, sich also auch ξ_{GL} zu kleineren Werten hin
verändert (zugleich wird die Eindringtiefe schwach größer). Damit erwarten wir ein An-
wachsen des Parameters κ.

Wie der Versuch zeigt, ist durch das Einbringen von Fremdatomen aus dem Supraleiter
I. Art einer II. Art geworden. Aus dem genannten oberen kritischen Magnetfeld B_{c2} und
dem Magnetfeld $B_c = 80$ mT (aus Aufgabenteil a)), das die Shubnikov-Phase des Supraleiters vom normalleitenden Zustand trennt, können wir über die GLAG-Theorie nach

$$B_{c2} = \sqrt{2} \cdot \kappa \cdot B_c$$

den Parameter κ zu

$$\kappa = 1{,}5$$

folgern. Damit wird über die Beziehung

$$B_{c1} = \frac{1}{2\kappa}(\ln\kappa + 0{,}08) \cdot B_c$$

(ebenfalls nach der GLAG-Theorie) das untere kritische Magnetfeld B_{c1}, das die Meissner-Phase von Shubnikovphase trennt, berechenbar zu

$$B_{c1} = 13 \text{ mT};$$

dieser Wert ist zugleich der Maximalwert für die Magnetisierung der Probe.

Für die Magnetisierungskurven aus a) und b) gilt der Zusammenhang:

$$\frac{B_c^2}{2} = \int\limits_0^{B_{c2}} M \mathrm{d}B_a \ ,$$

das heißt, die beiden Flächen unter der Kurve für den Supraleiter 1. Art und für den Supraleiter 2. Art in Bild 5.14 müssen den gleichen Inhalt haben, was aber auch bedeutet, dass die beiden gestrichelten Flächen in Bild 5.14 den gleichen Inhalt haben müssen.

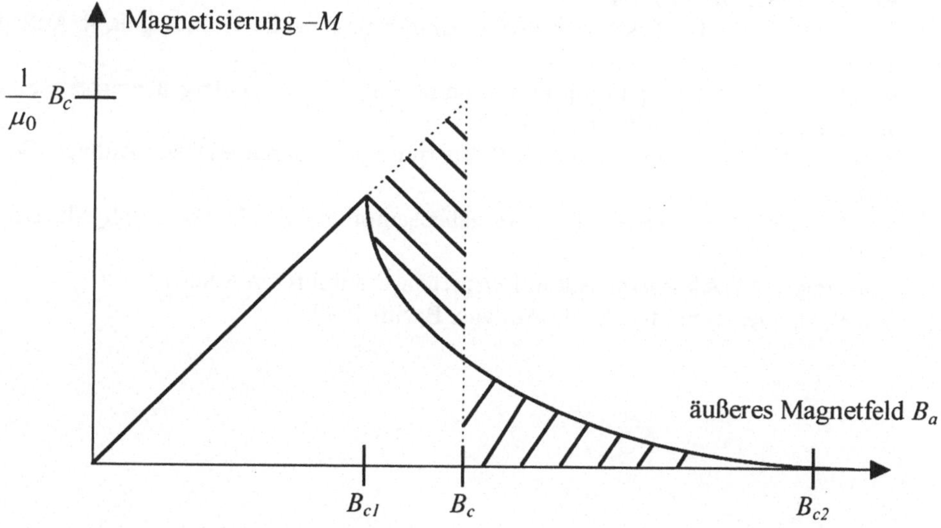

Bild 5.14: Magnetisierung eines Supraleiters 1. Art (gestrichelt) und eines Supraleiters 2. Art

Literatur

[1] Bergmann, L. / Schaefer, C.: Lehrbuch der Experimentalphysik. Band 6: Festkörper, Berlin 1992

[2] Buckel, W.: Supraleitung. Grundlagen und Anwendungen, 5. überarbeitete Auflage, Weinheim 1993

[3] Demtröder, W.: Experimentalphysik. Band 3: Atome, Moleküle und Festkörper, Berlin 1994

[4] Guinier, A. / Jullien, R.: Die physikalischen Eigenschaften von Festkörpern. Eine leichtverständliche Einführung in die Festkörperphysik, München 1992

[5] Hellwege, K.H.: Einführung in die Festkörperphysik, Nachdruck der 3. korrigierten Auflage 1988, Berlin 1994

[6] Ibach, H. / Lüth, H.: Festkörperphysik. Einführung in die Grundlagen, 4 Auflage, Berlin 1996

[7] Kittel, Ch.: Einführung in die Festkörperphysik, 12. vollständig überarbeitete und aktualisierte Auflage, München 1999

[8] Kopitzki, K.: Einführung in die Festkörperphysik, 3. durchgesehene Auflage, Stuttgart 1993

[9] Lux-Steiner, M.-C. / Hohl, H.H.: Aufgabensammlung zur Festkörperphysik, Berlin 1994

[10] Schilling, H.: Festkörperphysik in Beispielen, Frankfurt am Main 1977

[11] Vogel, H.: Gerthsen Physik, 19. Auflage, Berlin 1997

Verzeichnis der benutzten Konstanten und Symbole

Verzeichnis der benutzten Konstanten

Konstante	Symbol	Zahlenwert	Einheit
Allgemeine Gaskonstante	R	8,314510	J / (mol·K)
Atomare Masseneinheit	u	1,6605402	10^{-27} kg
Avogadro-Konstante	N_A	6,0221367	10^{23} 1 / mol
Boltzmann-Konstante	k_B	1,380658	10^{-23} J / K
Elektrische Feldkonstante	ε_0	8,854187817...	10^{-12} F / m
Elementarladung	e	1,60217733	10^{-19} C
Lichtgeschwindigkeit	c	299792458	m / s
Magnetische Feldkonstante	μ_0	12,566370614...	10^{-7} N / A^2
Plancksches Wirkungsquantum	h	6,6267055	10^{-34} J·s
Ruhemasse des Elektrons	m_e	9,1093897	10^{-31} kg
Ruhemasse des Neutrons	m_n	1,6749286	10^{-27} kg
Ruhemasse des Protons	m_p	1,6726231	10^{-27} kg

Die Werte der Konstanten wurden entnommen aus:

Physikalische Blätter, **43** (1987), S. 397 -399

Verzeichnis der benutzten Symbole

a, b, c	Gitterkonstanten
$\boldsymbol{a}, \boldsymbol{b}, \boldsymbol{c}$	Gittervektoren des Kristallgitters
A_F	Fermi-Fläche
$\boldsymbol{B}$	Magnetische Flußdichte
B_C	Kritische magnetische Flußdichte
C	Kapazität
c_v	Spezifische Wärme bei konstanten Volumen
D	Federkonstante
$D(\omega), D(E)$	Zusatndsdichte
d_{hkl}	Netzebenenabstand mit den Millerschen Indizes hkl
$\boldsymbol{E}$	Elektrische Feldstärke
E_a, E_d	Ionisierungsenergie der Akzeptoren bzw.Donatoren
E_F	Fermi-Energie
E_G	Energielücke zwischen Leitungs- und Valenzband
f	Atomarer Streufaktor
$f_{BE}(E,T)$	Bose-Einstein-Statistik
$f_{FD}(E,T)$	Fermi-Dirac-Statistik
F_{hkl}	Strukturamplitude
$\boldsymbol{G}$	Translationsvektor des reziproken Gitters
$\boldsymbol{H}$	Magnetische Feldstärke
H_C	Kritische magnetische Feldstärke
I	Intensität, elektrische Stromstärke
$\boldsymbol{j}$	Elektrische Stromdichte
$\boldsymbol{k}$	Wellenzahlvektor
k	Wellenzahl
K	Kompressionsmodul
k_F	Fermi-Wellenzahl
L	Länge des Kristalls
l	Mittlere freie Weglänge
M	Magnetisierung
$m_p{}^*, m_e{}^*$	Effektive Masse eines Lochs bzw. Elektrons
N	Zahl der Gitteratome, Spulenwindungen
n	Brechungsindex, Stoffmenge, Elektronenkonzentration
$N(k), N(E)$	Zahl der Zustände
n_A, n_D	Konzentration der Akzeptoren bzw. Donatoren
N_e	Gesamtzahl der Leitungselektronen
n_i	Intrinsische Ladungsträgerkonzentration
p	Löcherkonzentration, elektrisches Dipolmoment
P	Polarisation
R	Elektrischer Widerstand, Reflexionsvermögen
$\boldsymbol{r}, \boldsymbol{s}, \boldsymbol{t}$	Primitive Translationen des Kristallgitters
R_H	Hall-Koeffizient
T	Absolute Temperatur, Umlaufzeit
T_C	Sprungtemperatur

T_E	Entartungstemperatur
T_F	Fermi-Temperatur
U	Potentielle Energie
$U(T)$	Innere Energie
U_B	Barrierespannung
U_H	Hall-Spannung
u_s, v_s	Auslenkung der Gitteratome
v_D	Driftgeschwindigkeit
v_F	Fermi-Geschwindigkeit
x_S	Breite der Sperrschicht
Θ_D	Debye-Temperatur
ω_D	Debyesche Grenzfrequenz
ρ	Dichte, spezifischer elektrischer Widerstand
ϑ_E	Einstein-Temperatur
ω_E	Einsteinsche Grenzfrequenz
σ	Elektrische Leitfähigkeit
ϑ	Glanzwinkel bei der Braggschen Reflexion
ξ_0	Kohärenzlänge
κ	Komplexer Brechungsindex, Ginzburg-Landau-Parameter
μ	Ladungsträgerbeweglichkeit
λ_L	Londonsche Eindringtiefe
α	Madelungkonstante, Polarisierbarkeit, Absorptionskoeffizient
χ	Magnetische Suszeptibilität
ϕ	Magnetischer Fluß
ε	Permittivitätszahl
ω_P	Plasmafrequenz
Θ	Polarisationswinkel
τ	Relaxationszeit
λ	Wellenlänge, thermische Leitfähigkeit
ω_C	Zyklotronfrequenz

Abbildungsverzeichnis

1.1   einfach kubisches Gitter
1.2   kubisch raumzentriertes Gitter
1.3   kubisch flächenzentriertes Gitter
1.4   hexagonal dichtest gepacktes Gitter
1.5   hexagonal dichtest gepacktes Gitter, Schema des Kugelmodells
1.6   Diamantgitter – Ausschnitt
1.7   zweidimensionales Gitter
1.8   zweidimensionales Gitter mit anderen Basen
1.9   Elementarzelle und Wigner-Seitz-Zelle für zweidimensionales Gitter
1.10   triklin primitives Gitter im monoklin raumzentrierten Gitter
1.11   rhombisch raumzentriertes Gitter im hexagonal flächenzentrierten Gitter
1.12   einfach kubische Einheitszelle/Elementarzelle
1.13   Einheitszelle und Elementarzelle des fcc-Gitters
1.14   Einheitszelle und Elementarzelle des bcc-Gitters
1.15   Einheitszelle eines fcc-Gitters mit zugehörigen Basisvektoren
1.16   Kupferoxid (schematisch)
1.17   Zusammenhang zwischen Abstand nächster Nachbarn und Gitterkonstante im fcc-Gitter
1.18   Netzebene mit Ebenennormalenvektor und Wellenvektor der einfallenden Strahlung
1.19   Intensitäts-Streuwinkel-Diagramm von KCl
1.20   Intensitäts-Streuwinkel-Diagramm von $BaTiO_3$
1.21   Aufsicht auf eine Debye-Scherrer-Kammer
1.22   Aufsicht auf die Kristallzelle eines sc-Gitters
1.23   Ewald-Konstruktion
1.24   Zweidimensionales Kristallgitter mit Ladungsverteilung und Abstandswerten
1.25   Dreidimensionales Gitter zur Ermittlung der Madelungkonstanten
1.26   Außenseite eines dreidimensionalen Kristallgitters mit Ladungsverteilung und Abstandswerten
1.27   Zusammenhang der mittleren Ionenabstände mit dem Zwischenionenpotential
2.1   Ebenen gleicher Atomsorte in Kristall mit zweiatomiger Basis
2.2   Lineare Kette mit Atomen unterschiedlicher Masse
2.3   Dispersionsrelation des linearen Gitters
2.4   Dispersionsrelation des linearen Gitters für Massenverhältnis von 0,5
2.5   Dispersionsrelation des linearen Gitters für Massenverhältnis von 1
2.6   Zustandsdichte des eindimensionalen Gitters
2.7   Prinzipdarstellung des ebenen quadratischen Gitters
2.8   Dispersionsrelation eines ebenen quadratischen Gitters
2.9   Lineare Kette mit zwei Atomen in der Basis

2.10   Dispersionsrelation für lineares Gitter identischer Atome
2.11   Dispersionsrelation einer linearen einatomigen Kette
2.12   Dispersionsrelation einer zweiatomigen Kette gleicher Massen
2.13   Dispersionsrelation einer zweiatomigen Kette ungleicher Massen
2.14   Modell einer linearen Kette mit übernächsten Nachbarn
2.15   Dispersionsrelation einer linearen Kette mit Berücksichtigung der übernächsten Nachbarn
2.16   Prinzipdarstellung der Brillouinstreuung bei senkrechter Detektion
2.17   Schichtstruktur des Graphitgitters
2.18   Annäherung der Debye-Kurve durch eine Gerade
3.1   Erweitertes Zonenschema und reduziertes Zonenschema
3.2   Ausschnitt aus der Graphitstruktur
3.3   Fermi-Verteilungsfunktion für $T = 0$ K und $T > 0$ K
3.4 c_V/T-Abhängigkeit von T^2 für Elektronen- und Phononenanteil zur spezifischen Wärme
3.5   Untersuchung der spezifischen Wärme
3.6   Relativwiderstand eines Kristalls in Abhängigkeit von der Temperatur bei unterschiedlicher Reinheit
4.1   Abhängigkeit des Absorptionskoeffizienten eines Halbleiters von der Wellenlänge
4.2   Temperaturabhängigkeit eines NTC-Widerstandes
4.3   Zustandsdichte in Leitungs- und Valenzband bei gleichen Zustandsdichten
4.4   Temperaturabhängigkeit der Bandlücke von Germanium
4.5   Bandschema von Galliumarsenid
4.6   Temperaturabhängigkeit der Elektronenkonzentration eines n-dotierten Halbleiters
4.7   Lage der Energieniveaus von Donatoren und Akzeptoren bei einem dotierten Halbleiter
4.8   Bezeichnungen in dotierten Halbleitern für Ladungsträger- und Störstellenkonzentrationen
4.9   Raumladungsdichte und elektrische Feldstärke eines pn-Übergangs
4.10   Halbleiterkristall im Magnetfeld
5.1   Zylinderkondensator mit geometrischen Bezeichnungen
5.2   Verlauf der Reflexionskurve bei Kristallen
5.3 $(\varepsilon - 1)$-$1/T$-Diagramm für H_2 und HCl
5.4   Struktur des H_2O-Moleküls
5.5   Umlauf eines Elektrons um die Fermi-Fläche
5.6   Schema der Gouy-Waage
5.7   Intensitätsdiagramm von Indium in Abhängigkeit von der Wellenlänge
5.8   Strom-Spannungs-Kennlinie an einem Metallkontakt
5.9   Lage der Energieniveaus an einem supraleitenden Pb-Al-Kontakt
5.10   Lage der Energieniveaus an einem supraleitenden Pb-Al-Kontakt mit Spannung
5.11   Lage der Energieniveaus an einem supraleitenden Pb-Al-Kontakt mit Spannung
5.12   Lage der Energieniveaus an einem Pb-Al-Kontakt, Al normalleitend
5.13   geometrische Visualisierung der Lage von Flußfäden
5.14   Magnetisierung eines Supraleiters 1. und 2. Art

Index

Bandlücke 109ff.
Barrierespannung 125
Basisvektoren 17
BCS-Theorie 154,156ff.
Beweglichkeit 112f.
Bose-Einstein-Statistik 67f.
Bragg-Reflexion 19ff.
Bravais-Gitter 10ff.
Brechungsindex 133
Brillouin-Streuung 68ff.
Brillouin-Zone 9

Clausius-Mosotti-Formel 137,141
Cooper-Paar 156ff.

De Broglie-Wellenlänge 18f.,28
Debye-Näherung 65,76ff.
Debye-Scherrer-Untersuchungen 32ff.
Debye-Temperatur 93ff.
De-Haas-Van-Alphen-Effekt 146f.
Dipolmoment 136ff.
Dispersionsrelation 49ff.
Driftgeschwindigkeit 129
Drude-Modell 99ff.,103

Einheitszelle 12ff.
Eindringtiefe 157
effektive Masse 115
elektrische Leitfähigkeit 101
Elementarzelle 7ff.,12ff.

Energie
– Bindungsenergie 39f.
– Energielücke 151
– Fermi-Energie 81ff.,116
– innere 71ff.
– mittlere kinetische 19
– Spannenergie 45
– thermische 76f.
– Einstein-Modell 78f.
Entartungstemperatur 92
Ewald-Konstruktion 37ff.

Faraday-Effekt 142f.
Fermi
– Energie 81ff.,109ff.
– Fläche 84ff.,144ff.
– Geschwindigkeit 81ff.
– Kugel 86f.
– Temperatur 81ff.
– Wellenzahl 81ff.
Fermi-Dirac-Statistik 89ff.,110
Flussquanten 155ff.
freies Elektronengas 81ff.

Γ-Punkt 115
Ginzburg-Landau-Parameter 158
Gitter 10ff.
– Diamant 6f.,23ff.
– einfach kubisch (sc) 1f.,12
– Graphit 75
– hexagonal dichtest gepackt 4ff.

– kubisch flächenzentriert (fcc) 3f.,12f., 17f.,22f.
– kubisch raumzentriert (bcc) 2f.,14f.,23
– Kuperoxid 26ff.
– reziprok 15ff.,37ff.
– rhombisch raumzentriert 11
– triklin primitiv 10
– zweidimensional 7ff.
Glanzwinkel 20ff.,35
Gouy-Waage 148

Halbleiter
– intrinsisch 105ff.,109
Hall-Effekt 102f.,127ff.
Hall-Konstante 127
Harte-Kugel-Modelle von Gittern 1ff.

innerer Photoeffekt 106ff.
Ionisierungsenergie 123

Kepler, Johannes 7
Kohärenzlänge 157
Kompressionsmodul 45ff.
Kontaktstrom 151ff.
Konzentration von Ladungsträgern 116, 121
– Elektronen 110
– Löcher 110

Leitungsband 109
Leitfähigkeit 128
London-Theorie 156ff.
Lorenz-Zahl 103
Lydanne-Sachs-Teller-Relation 133

Madelungkonstante 41ff.
magnetische Suszeptibilität 148f.
Majoritätsladungsträger 125
Massenwirkungsgesetz 111
Millersche Indizes 22ff.
mittlere freie Weglänge 99f.

nächste Nachbarn 42
Netzebenenabstand 20
NTC-Widerstand 107ff.

Orientierungspolarisation 138

Permittivitätszahl 131ff.
Phononen
– akustisch 52f.
– optisch 52f.
Plasmafrequenz 135
Poisson-Gleichung 125
Polarisierbarkeit 137
Potential
– abstoßend 44
– Born-Mayer 45ff.
– Coulomb 44
– Lennard-Jones 39ff.
– Zwischenionenpotential 47

Raumfüllung von Gittertypen 1ff.
Reflexionskoeffizient 136
Relaxationszeit 99ff.

Spatprodukt 13
Sperrschicht eines p-n-Übergangs 124ff.
spezifischer Widerstand 99f.
spezifische Wärme 71ff.,93ff.,96ff.
Sprungtemperatur 151
Störstellen 105
Störstellenerschöpfung 117ff.
Störstellenleitung 117ff.
Störstellenreserve 117ff.
Strukturamplitude 22ff.,33ff.
Strukturanalyse 18ff.
Supraleitung 150ff.

Translationsvektoren 7ff.

Valenzband 109
Varshni, Formel von 113
Verdet-Konstante 142f.

Wellenvektoren 38f.
Wiedemann-Franzsches Gesetz 103ff.
Wigner-Seitz-Zelle 8f.

Zustandsdichte 54f.,65ff.,87ff.
Zyklotronfrequenz 146f.

Überblick über die Kernphysik

Helmut Hilscher

Kernphysik

1996. X, 172 S. mit 10 Übungsaufg.
und 74 teilw. farb. Abb. Br. DM 28,00
ISBN 3-528-07278-4

Inhalt: Statische Eigenschaften der
Atomkerne: Globale Größen und
ihre Ermittlung, innerer Aufbau
und Zusammenhalt - Der Atomkern
als dynamisches System - Stabilität
der Atomkerne und der Zerfall
instabiler Nuklide - Kernreaktionen -
Teilchendetektoren

Dieses Buch gibt einen didaktisch
hervorragenden Überblick über die
Kernphysik für alle, die keinen
unnötigen mathematischen Ballast
mit sich herumschleppen wollen.
Ausgehend von der Entdeckung des
Atomkerns werden - eingebettet in
eine Beschreibung wichtiger experi-
menteller Methoden der Kernphysik
- zunehmend differenziertere Vor-
stellungen über Atomkerne entwik-
kelt. Die dabei diskutierten Modelle
werden angewandt zur Erklärung
des radioaktiven Zerfalls und von
Kernreaktionen. Ergänzt wird das
Buch durch ein Kapitel über Teilchendetektoren.

Abraham-Lincoln-Straße 46
D-65189 Wiesbaden
Fax 0611. 78 78-400
www.vieweg.de

Stand 1.6.99
Änderungen vorbehalten.
Erhältlich im Buchhandel oder beim Verlag.